Geografia física

JOSEPH HOLDEN

GEOGRAFIA FÍSICA
FUNDAMENTOS

Tradução
Rachel Meneguello

Título original: *Physical Geography: The Basics (Second edition)*

Direitos de publicação reservados à:
Fundação Editora da Unesp (FEU)
Praça da Sé, 108
01001-900 – São Paulo – SP
Tel.: (0xx11) 3242-7171
Fax: (0xx11) 3242-7172
www.editoraunesp.com.br
www.livrariaunesp.com.br
atendimento.editora@unesp.br

Dados Internacionais de Catalogação na Publicação (CIP) de acordo com ISBD
Elaborado por Odilio Hilario Moeira Junior – CRB-8/9949

H727g

Holden, Joseph
Geografia física: fundamentos / Joseph Holden; traduzido por Rachel Meneguello. – São Paulo: Editora Unesp, 2024.

Tradução de: *Physical Geography: The Basics (Second edition)*
Inclui bibliografia.
ISBN: 978-65-5711-247-2

1. Geografia. 2. Geografia física. 3. Ciências da Terra. 4. Topografia. 5. Meio ambiente. 6. Planejamento. I. Meneguello, Rachel. II. Título

2024-2668 CDD 910
CDU 91

Editora afiliada:

Sumário

Agradecimentos

Milhares de cientistas realizaram diversas pesquisas para compreender o funcionamento do mundo e, ao fazê-lo, contribuíram com o conteúdo deste livro. Espero que *Geografia física*, que resume brevemente os resultados de suas dedicações e esforços, traga inspiração para a próxima geração de cientistas.

Gostaria de agradecer à minha família pelo apoio contínuo e, em especial, a Eve Holden pelo entusiasmo constante, e aos meus pais, Henry Holden e Patricia Holden, por sua positividade ilimitada. Elizabeth Pettifer compilou grande parte do glossário e índice, e agradeço a Alison Manson por preparar as versões originais das figuras 2.1, 2.7, 3.1, 3.2, 3.4, 3.5, 4.1, 4.2, 5.4, 5.6, 5.9 e 6.3. Agradeço a Justina Holden por atualizar e elaborar as figuras 2.2, 2.6, 3.4, 3.5, 4.1, 4.3, 5.2, 5.8, 6.1 e 6.3.

Lista de figuras

Lista de tabelas

Lista de quadros

1
Introdução

Escopo do livro

A geografia física estuda fluxos de energia, água, nutrientes e sedimentos que formam as paisagens e os oceanos da Terra, bem como as interações entre esses fluxos e paisagens e o sistema climático, as plantas, os animais e os seres humanos. Este livro, portanto, reúne áreas temáticas que abrangem toda a geografia física, oferecendo uma base sólida para quem está iniciando um curso universitário ou para aqueles que desejam apenas obter uma compreensão básica sólida do ambiente físico ao seu redor. O livro tem como objetivo ser tanto um guia para estudos posteriores mais avançados quanto uma introdução aos princípios e processos fundamentais da geografia física. Apesar de abordar diferentes ambientes – costas, terras áridas, tundra, florestas tropicais, por exemplo –, o livro tem como foco principal apresentar o funcionamento da Terra.

O material foi agrupado em sete capítulos. Este primeiro breve capítulo apresenta alguns dos conceitos-chave e interconexões entre processos, ecossistemas e formas de relevo do planeta. O Capítulo 2 aborda os principais processos envolvidos na formação da Terra, incluindo os processos tectônicos, de intemperismo e erosão, e a formação dos solos, resultados do intemperismo e da ação biológica ocorridos ao longo de milhares de anos e que são cruciais para a sobrevivência humana. O Capítulo 3 trata do sistema climático da Terra, que envolve conexões entre a atmosfera, os oceanos, a biosfera, a criosfera (zonas dominadas pelo gelo) e a paisagem, e descreve o clima regional e as condições meteorológicas de diferentes zonas do planeta. O Capítulo 4 baseia-se no conteúdo dos capítulos 2 e 3 para explorar o ciclo global do carbono e descrever o que se sabe sobre as mudanças climáticas, pelas quais o planeta já passou e ainda vem passando. Também são examinados os impactos das mudanças climáticas contemporâneas e futuras, seguidos de um esboço de como podemos mitigá-las e a necessidade de nos adaptarmos a elas.

O Capítulo 5 é dedicado ao ciclo da água, começando com uma explicação de como a água, inclusive as subterrâneas e as do fluxo de superfície, se move através das paisagens. A mudança climática impacta o ciclo da água, o que, por sua vez, influencia a cobertura terrestre do gelo e a quantidade de energia do sol que é refletida de volta para o espaço e no aumento do nível do mar. Também são discutidos o risco de inundação, a dinâmica dos canais fluviais e como a qualidade da água pode variar tanto naturalmente quanto sob a ação humana. Cerca de 40% da população mundial vive em áreas costeiras, que representam uma paisagem-chave dominada pela água onde os processos físicos que formam os acidentes geográficos costeiros e as ações humanas mudaram a dinâmica da água e dos sedimentos no interior, bem como ao longo do próprio litoral. O capítulo passa então a tratar das massas mundiais de gelo, que moldam as paisagens e contribuem para o aumento global do nível do mar relacionado às mudanças climáticas. Depois de abordar a dinâmica das geleiras, o capítulo trata dos acidentes geográficos glaciais e examina os **periglaciais** (a primeira menção dos termos explicados no glossário estão destacados em negrito) e processos associados a regiões frias que não possuem geleiras e mantos de gelo. O Capítulo 6 trata da **biogeografia**, que examina os processos responsáveis pela distribuição espacial de plantas e animais, analisando os processos ecossistêmicos, os principais biomas da Terra e os impactos humanos na ecologia. Por fim, o Capítulo 7 discute as soluções ambientais necessárias, tanto agora como no futuro, incluindo as que estão relacionadas aos Objetivos de Desenvolvimento Sustentável das Nações Unidas.

Tanto o sensoriamento remoto como as técnicas para analisar grandes conjuntos de dados ambientais são ferramentas tecnológicas fundamentais para os geógrafos. Ao longo do livro, são fornecidos alguns exemplos para ajudar na compreensão dos processos terrestre e dos riscos associados (por exemplo, erupções vulcânicas, inundações), a fim de identificar os desafios ambientais e os apoios necessários para solucioná-los. O livro também traz quadros com exemplos e estudos de caso para ilustrar pontos fundamentais sobre o tema. As leituras adicionais, no final de cada capítulo, podem ser exploradas para aprofundar os temas de maior interesse.

A Terra interligada

O estudo da geografia física nos ajuda a compreender a interação entre os processos relacionados ao relevo, sistemas hídricos, atmosfera e biosfera da Terra (Figura 1.1), e como os seres humanos modificam essas interações. Os processos tectônicos formam lentamente montanhas e podem alterar temporariamente a composição da atmosfera (por exemplo, ao liberar gás ou cinzas das erupções, aquecem ou resfriam o planeta). Eles também influenciam os sistemas de circulação na baixa atmosfera (por exemplo, o crescimento do Himalaia ao longo de milhões de anos alterou os padrões de circulação atmosférica e criou condições para a formação da estação anual de monções). Os processos de intemperismo e erosão, incluindo geleiras e mantos de gelo, revelam montanhas e também alteram a composição atmosférica (por exemplo, a dissolução de rochas pela chuva retira dióxido de carbono da atmosfera). O intemperismo físico e químico das rochas é importante para a formação do solo, assim como a atividade biológica, criando condições adequadas para o desenvolvimento das plantas, que por sua vez frequentemente influenciam as propriedades do solo.

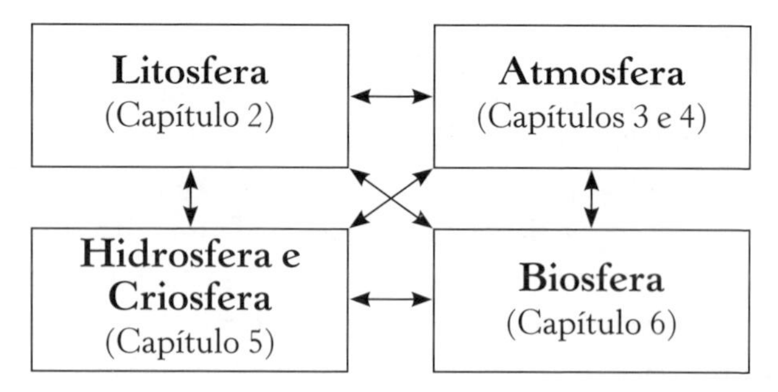

Figura 1.1 – Principais componentes do sistema terrestre e suas relações. Observe que as ligações entre os componentes são elementos fundamentais da geografia física e serão tratadas ao longo deste livro.

A **zona crítica** é a parte da Terra que se estende da copa das árvores, passando pelo solo e base rochosa, até a base da zona de água subterrânea. Cientistas de diversas áreas do conhecimento, em conjunto, estudam essa zona para examinar todas as interações que ocorrem em seu interior, consideradas fundamentais para a vida humana. Isso é feito em observatórios de zonas críticas criados com infraestrutura para monitorar a dinâmica dos processos e os fluxos de energia, água, gases e nutrientes, embora o financiamento a longo prazo seja de difícil manutenção. Há também uma rede de coordenação de pesquisa que facilita a colaboração entre pesquisadores em estudos dos processos interligados, com o objetivo de prever como a zona crítica responderá às mudanças climáticas, químicas atmosféricas, na gestão dos solos e da água.

Há diversos mecanismos de respostas (*feedbacks*) e conexões em diferentes escalas operando no planeta. Por exemplo, em pequena escala, a água que flui sobre um seixo em um rio pode causar erosão em pequena escala no lado a montante da rocha, à medida que a água é obrigada a contorná-la. Ou seja, à medida que a água se move mais rapidamente, ela movimenta partículas finas do leito do rio, e, quando a água desacelera após ultrapassar o obstáculo, essas partículas são depositadas. Portanto, o leito do rio pode se remodelar, com uma parte mais profunda a montante do fragmento de rocha e uma parte mais rasa a jusante. Uma vez formadas, as ondulações no leito do rio podem aumentar como parte deste *feedback* positivo e começar a influenciar o fluxo de água em maior escala. O acúmulo de partículas pode tanto retardar ou acelerar o fluxo de água, de modo que ela se amplia e se torna uma piscina ou uma **corredeira**. A corredeira rasa pode fazer a água fluir ao seu redor, ocasionando a erosão das margens e a formação de uma **curva de meandro**. Exemplo de *feedback* em maior escala é encontrado em vastos sistemas de circulação em águas oceânicas profundas, que são influenciados pelas diferenças de densidade da água e são importantes para transferir grandes quantidades de energia ao redor do planeta e redistribuir o calor dos trópicos para os polos. A densidade é afetada pela temperatura e a **salinidade**, afundando águas mais densas e emergindo as águas menos densas. A evaporação na superfície do oceano é uma das causas do aumento da densidade da água, uma vez que ela aumenta a concentração de sal no oceano. Por outro lado, o derretimento em grande escala de mantos de gelo e geleiras adiciona grandes quantidades de água doce menos densa. Se isso acontece em um local onde normalmente a água se torna densa e afunda, a rotação dos sistemas de circulação do oceano pode ser alterada, mudando a transferência de energia global. Um efeito de *feedback* negativo pode ocorrer ao longo de centenas ou milhares de anos se essa mudança resultar no resfriamento de uma região (menos troca de calor por causa das transferências oceânicas) que anteriormente sofria aquecimento e derretimento acelerado do gelo.

Compreender a interconectividade dos processos e reações do sistema terrestre em diferentes escalas é crucial para gerenciar os riscos ambientais, determinar como as atividades humanas impactam o planeta e prever mudanças. A ação humana alterou a natureza e a estrutura dos leitos e margens dos rios, bem como do próprio fluxo fluvial, modificando a dinâmica dos canais fluviais. Também influenciou a dinâmica dos oceanos ao alterar a qualidade da água dos rios e a composição da atmosfera por meio de queima de combustíveis fósseis e liberação de outros poluentes (os gases são trocados entre a atmosfera e os oceanos). Os ecossistemas terrestres e aquáticos reagem às mudanças na química atmosférica, mas muitas vezes é difícil compreender todos os efeitos de *feedbacks* porque, ao mesmo tempo, os seres humanos mudaram profundamente os ecossistemas da Terra por meio de desmatamento, urbanização, uso de terras agrícolas e represamentos de água, captações e desvios. As ações humanas (por exemplo, o desmatamento histórico em toda a Europa) podem ter consequências globais (como a elevação de concentrações de dióxido de carbono) ou localizadas (como o desmatamento tropical, reduzindo as chuvas a algumas centenas de quilômetros de distância). Projetar o futuro levando em conta a diversidade de impactos das mudanças climáticas contemporâneas e da modificação do solo e da água é um desafio, e exige a colaboração de milhares de pesquisadores de diferentes áreas do conhecimento. Esse trabalho é necessário para que seja possível planejar e nos adaptar às mudanças ambientais, bem como lidar com a natureza dinâmica de seus riscos (por exemplo, inundações costeiras ou incêndios florestais).

Desafios ambientais

Grandes desastres – incêndios florestais, terremotos, erupções vulcânicas, inundações, secas, deslizamentos de terras ou tempestades tropicais – só podem ser compreendidos pela interação entre terra, oceano, atmosfera e ser humano. Às vezes, o que parece ser um desastre natural (como uma grande inundação) foi influenciado pela atividade humana (ao desmatar encostas nas partes superiores das bacias hidrográficas, por exemplo), o que tornou o evento pior. No entanto, os seres humanos têm capacidade para encontrar soluções para grandes problemas ou, pelo menos, desenvolver ferramentas mais resistentes a catástrofes (por exemplo, edifícios com estrutura forte o bastante para resistir a terremotos). As soluções funcionam melhor quando se compreende o funcionamento do sistema terrestre.

No entanto, com uma população mundial crescente, os desafios ambientais são cada vez maiores, por exemplo: como alimentar a população crescente de forma sustentável, sem aumentar a poluição e liberar mais gases de efeito estufa; como lidar com o aumento do nível do mar, dado que grande parte da população vive em zonas costeiras; como reduzir a poluição atmosférica para evitar efeitos adversos na saúde humana; como diminuir a taxa de extinção de espécies, que está prestes a ocorrer em um ritmo sem precedentes; como reduzir a degradação do solo; como garantir que haja água doce suficiente e limpa para uso humano e para a natureza; como reduzir a taxa de acidificação dos oceanos; e como criar resiliência aos impactos das mudanças climáticas, tais como o aumento das tempestades e das secas. Compreender as mudanças climáticas e os seus impactos é necessário para que possamos nos adaptar e mitigar os danos à vida humana e às infraestruturas. Conhecer as interações entre clima, solo, plantas e água é crucial para o fornecimento de alimentos e água potável, considerando que a população mundial crescerá de 7 bilhões para 9 bilhões de pessoas nos próximos trinta anos. Diante desse cenário, a compreensão dos fundamentos da geografia física ganha destaque para o desenvolvimento de políticas públicas eficazes.

Uma preocupação comum é se existem *limites* ambientais, que, uma vez ultrapassados, ocasionam mudanças súbitas, resultando em uma alteração repentina no sistema ou em um evento catastrófico. Os sistemas ambientais são frequentemente concebidos dentro de certos limites de tolerância, dentro dos quais ocorrem ajustes e *feedbacks* em pequena escala. No entanto, um sistema pode mudar gradualmente – com ou sem influência ação humana –, em direção a um limiar (às vezes, referido como "ponto de inflexão"), quando acontece a alteração de um estado para outro completamente diferente, podendo não conseguir retornar ao seu estado anterior. Tal evento pode levar a enormes impactos sobre os seres humanos em determinada região, por exemplo, o acúmulo lento de nutrientes em uma lagoa utilizada para a pesca pode levar uma comunidade a ultrapassar um limiar e mudar um sistema com águas claras e cheia de peixes, invertebrados e plantas aquáticas muito diversificadas, para um outro escuro, com muitas algas, baixa diversidade de plantas e poucos peixes ou invertebrados. Em nível global, também existem limites críticos, denominados "fronteiras planetárias", que, se ultrapassados, alteram radicalmente o planeta (Quadro 1.1).

QUADRO 1.1 – AS FRONTEIRAS PLANETÁRIAS

O conceito de fronteiras planetárias baseia-se na ideia de que existem "limites operacionais seguros", dentro dos quais a Terra sustenta a vida. Se os seres humanos alterarem demasiadamente o sistema, o planeta poderá não ser mais habitável. Em 2009, um grupo de cientistas, liderado por Johan Rockström, propôs a existência de nove sistemas essenciais para a vida humana e definiu os limites dentro dos quais cada um desses sistemas poderia operar (Figura 1.2), a fim de orientar os governos internacionais. Apesar de os cientistas reconhecerem as incertezas sobre essas fronteiras e que sua natureza exata ainda não é muito compreendida, eles localizam os nove sistemas limitantes dentro da estrutura das fronteiras planetárias, que são:

Destruição do ozônio estratosférico: se a camada de ozônio, responsável pela filtração da radiação ultravioleta, diminuir, mais radiação atingirá a superfície da Terra, danificando os ecossistemas e aumentando a incidência de câncer de pele. O buraco na camada de ozônio da Antártida, detectado na década de 1980, comprovou que os gases CFCs (clorofluorcarbonos) liberados por atividades humanas causam danos significativos. Contudo, ações urgentes para frear a emissão desses poluentes contribuíram para o sistema se manter dentro dos limites da fronteira planetária.

Perda da integridade da biosfera (perda de biodiversidade e extinções): as atuais altas taxas de danos aos ecossistemas e a extinção de espécies não têm precedentes na escala de tempo humana.

Poluição química e liberação de novas entidades: emissões de substâncias tóxicas, incluindo metais pesados e partículas radioativas, colocam em risco a vida humana. Até o momento, não foi quantificada uma fronteira de poluição química para a vida humana, mas observa-se que essas demarcações do sistema terrestre devem ser definidas e serem prioridade para que sejam tomadas ações de precaução e para futuras investigações.

Mudanças climáticas: a equipe das fronteiras planetárias sugere que já ultrapassamos o limiar de elevadas concentrações de dióxido de carbono na atmosfera, o que levará a mudanças catastróficas, como a elevação significativa do nível do mar e a perda do gelo marinho polar no verão. Uma grande incógnita é quanto tempo o sistema da Terra pode permanecer acima desse limite antes que mudanças grandes e irreversíveis se tornem inevitáveis.

Acidificação oceânica: o aumento da acidez dos oceanos – 30% em comparação com a época pré-industrial –, causado pelo excesso de dióxido de carbono na atmosfera, dificulta a sobrevivência de organismos, como os corais e algumas espécies de moluscos e plânctons. A perda dessas espécies altera os ecossistemas oceânicos e potencialmente reduz a quantidade de peixes.

Consumo de água doce e o ciclo hidrológico: as mudanças climáticas influenciam o ciclo da água, mas atualmente a gestão humana da água doce passou a influenciar mais, ao alterar os fluxos dos rios em escala global, por meio do manejo da vegetação que modificou a quantidade de água liberada na atmosfera. Foi proposto uma fronteira planetária de água doce relacionada ao seu consumo e à escassez, e aos requisitos de fluxo ambiental para manter a resiliência global do sistema da Terra.

Mudança no uso da terra: como uma força motriz fundamental por trás de grandes reduções na biodiversidade, mudanças nos fluxos de água e no ciclo biogeoquímico de carbono, nitrogênio, fósforo e outros elementos importantes, a equipe das fronteiras planetárias recomenda que o limite de mudança do uso da terra leve em conta quantidade, função, qualidade e distribuição espacial de um sistema fundiário, com foco na cobertura florestal.

Fluxo de nitrogênio e fósforo para a biosfera e os oceanos: os seres humanos alteraram drasticamente a ciclagem do nitrogênio e do fósforo por meio de processos industriais e agrícolas. A redistribuição e a mudança desses elementos transformam significamente as funções terrestres, aquáticas e atmosféricas.

Carga atmosférica de aerossóis: os **aerossóis** têm um forte impacto no sistema climático da Terra, alterando a taxa de radiação solar refletida ou absorvida na atmosfera. Eles também causam muitos efeitos adversos nos organismos vivos, incluindo na saúde humana. Apesar de ainda não ter sido definida a exata fronteira planetária, por causa da complexidade das relações entre os aerossóis e o clima, esse item foi incluído na lista por ser uma área importante para futuras pesquisas.

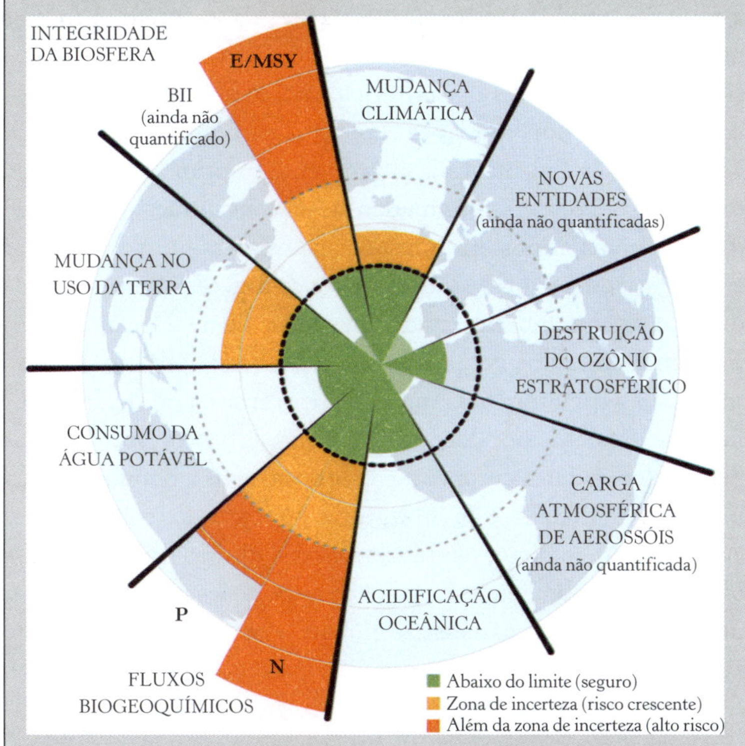

Figura 1.2 – As nove fronteiras planetárias propostas para a vida humana, ilustrando o potencial para o estado atual do sistema da Terra estar abaixo ou acima do limite. E/MSY = extinções por milhão de espécies/ano (número de espécies em cada milhão de espécies que são extintas por ano). BII = índice de integridade da biodiversidade. P = fósforo. N = nitrogênio.

Fonte: J. Lokrantz/Azote, baseado em Steffen et al. (2015).

A estrutura de fronteiras planetárias baseia-se na noção de que as ações humanas se tornaram o principal motor da mudança ambiental, a tal ponto de ser sugerido que vivemos em uma nova era geológica, conhecida como **Antropoceno**. Ainda está em debate o ponto exato de início desse período, quando os seres humanos se tornaram o motor claramente dominante das alterações ambientais. As datas sugeridas variam desde os primeiros impactos humanos detectáveis (como o início da agricultura há milhares), passando pela Revolução Industrial no século XIX (quando os seres humanos começaram a alterar as concentrações de carbono), até 1945 (com os testes nucleares). Duas datas foram propostas por Simon Lewis e Mark Maslin (2015), com a alegação de que elas cumprem muitos dos critérios para definir o início de uma era, incluindo uma mudança repentina no registro dos estratos geológicos que é identificada globalmente. A primeira data, 1610, foi proposta por causa das mudanças na concentração de dióxido de carbono na atmosfera, causadas pelos seres humanos. Nesse ano, registrou-se uma redução nas concentrações atmosféricas de dióxido de carbono (detectado em bolhas de núcleos de gelo no momento em que o gelo foi formado) causada por um declínio maciço na agricultura nas Américas, por causa da morte de 50 milhões de indígenas por doenças como varíola e gripe, introduzidas pelos colonizadores europeus, e contra as quais a população local não tinha imunidade, e da perseguição por parte dos colonizadores europeus. Além disso, o intercâmbio de culturas e animais entre os continentes também começou nessa época, levando a mudanças permanentes nos ecossistemas globais. Por exemplo, o pólen do milho (originário da América Latina) aparece pela primeira vez no registro estratigráfico marinho europeu em camadas de sedimentos desse período. O ano de 1964 foi proposto como ponto de partida alternativo de início do Antropoceno, uma vez que coincide com o pico do carbono da bomba atômica depositado no registro estratigráfico.

Resumo

- A geografia física envolve a compreensão de padrões espaciais (por exemplo, relevo, clima, ecossistemas) da Terra, estudando fluxos de energia e matéria através e entre a atmosfera, biosfera, litosfera e hidrocriosfera.
- Existem muitos *feedbacks* (muitos mecanismos de respostas) e conexões em diferentes escalas. Compreender a interligação dos processos do sistema da Terra é crucial para gerir os riscos ambientais, determinar como as atividades humanas impactam o sistema terrestre e prever mudanças.
- Com uma população mundial crescente e maior utilização dos recursos naturais, os desafios ambientais que os seres humanos enfrentam são cada vez maiores.
- É preciso compreender se existem limites ambientais em diferentes escalas, além dos quais os ecossistemas ou componentes do sistema terrestre mudarão subitamente de estado, causando grandes problemas.
- A era do Antropoceno define o período em que os seres humanos se tornaram o motor predominante da mudança ambiental. Os anos de 1610 e 1964 são duas datas-chave propostas para o início da era.

Leituras adicionais

HOLDEN, J. Approaching Physical Geography. In: HOLDEN, J. (Ed.). *An Introduction to Physical Geography and the Environment*. 4.ed. Harlow: Pearson Education, 2017. p.3-26.

O capítulo descreve mais a geografia física e suas abordagens metodológicas.

LEWIS, S. L.; MASLIN, M. A. Defining the Anthropocene. *Nature*, v.519, p.171-80, 2015.

O artigo analisa o conceito de Antropoceno e as evidências de diferentes possíveis datas de início da era.

STEFFEN, W. et al. *Global Change and the Earth System*: a Planet under Pressure. London: Springer, 2004.

Livro repleto de estudos de caso que ilustram a interconectividade, os *feedbacks* e os limites do sistema terrestre.

2
TECTÔNICA, INTEMPERISMO, EROSÃO E SOLOS

A paisagem e os oceanos mudam lentamente ao longo do tempo, principalmente quando as alterações estão relacionadas aos processos tectônicos, intemperismo e erosão. Pode levar milhões de anos para que as montanhas se formem. O Monte Everest, por exemplo, o pico mais alto do mundo, tem entre 50 e 60 milhões de anos, e atualmente cresce cerca de 4 milímetros por ano. Apesar de lentos, esses processos também podem desencadear mudanças bruscas, apresentando grandes riscos para os seres humanos, como pode ser notado com os movimentos nas **placas tectônicas** que causam terremotos e erupções vulcânicas. Processos de intemperismo lentos fragilizam rochas, levando potencialmente a perigosos deslizamentos de terra. Além disso, a modificação do ambiente pelos seres humanos também aumenta os riscos provenientes de intemperismo e erosão. Por exemplo, as vibrações de trens de alta velocidade podem induzir instabilidades em declives; a remoção da vegetação nativa para a atividade agrícola pode acelerar a erosão do solo que, por sua vez, polui rios ou provoca tempestades de poeira.

Este capítulo inicia com a análise de processos tectônicos, que transformam paisagens e oceanos em grande escala, seguida pelos processos de intemperismo e erosão, que, junto da subsequente deposição de sedimentos erodidos, também contribuem para a formação de paisagens (por exemplo, as dunas de areia na costa ou em desertos). Nos continentes, os processos tectônicos constroem paisagens, enquanto o intemperismo e a erosão podem destruí-las. Uma vez que o meio ambiente está em constante mudança, o que vemos atualmente representa apenas um instante na evolução da paisagem global. Dito isso, este capítulo irá analisar solos e os processos relacionados a eles, vitais para a vida humana, pois fornecem o meio para a produção do grande volume de alimentos para a população mundial. Os solos são produto do intemperismo e de insumos biológicos que se acumulam lentamente ao longo do tempo. Contudo, a ação humana tem degradado rapidamente sua composição, ameaçando a segurança alimentar. Portanto, é necessária uma gestão cuidadosa do solo para garantir o abastecimento sustentável de alimentos e a boa qualidade da água, além de minimizar a perda de carbono do solo para a atmosfera.

Tectônica: continentes e oceanos

Observando o mapa-múndi, há séculos exploradores já haviam notados que as formas de alguns continentes parecem que se encaixam (por exemplo, América do Sul e África). Anos mais tarde, durante o século XIX e o início do século XX, cientistas como Alfred Wegener examinaram fósseis a fim de provar que todos os continentes já estiveram unidos em uma única massa de terra, chamada Pangeia, que lentamente se partiu e se distanciou. No entanto, apenas após pesquisas realizadas no fundo dos oceanos, parte da investigação naval submarina e nuclear durante as décadas de 1950 e 1960, que dados comprovaram como os continentes realmente se moviam lentamente, e que os assoalhos oceânicos se espalham a partir de seus centros.

Mapas detalhados dos assoalhos oceânicos mostram grandes cadeias de montanhas no centro dos oceanos, e que as partes mais profundas deles estão próximas da borda do oceano, e não em seu centro (Figura 2.1). Descobriu-se também que os assoalhos oceânicos têm "faixas magnéticas". Sabe-se que o campo magnético da Terra se inverte a cada centena de milhares de anos, e que a direção dos polos é registrada no momento em que a lava vulcânica se forma e, depois, se solidifica. Faixas magnéticas alternadas, direcionadas para o norte ou para o sul, são encontradas ao longo dos oceanos e estão posicionadas paralelamente às cadeias montanhosas meso-oceânicas (Figura 2.1), evidenciando que os assoalhos se formaram no meio do oceano e lentamente se afastaram em direção aos continentes. Isso forneceu a primeira evidência de que grandes massas de rocha se deslocam lentamente.

A Terra é quase esférica, embora seja ligeiramente mais plana nos polos. Caso dermos a volta no planeta passando pelos polos, a viagem será 42 quilômetros mais curta do que o trajeto que passa pela linha do equador. O planeta possui um núcleo interno, composto de ferro sólido e quente, com 1.200 quilômetros de espessura e cerca de 3.000 °C, que é envolvido pelo núcleo externo, uma camada de material líquido rico em ferro com 2.300 quilômetros de espessura.

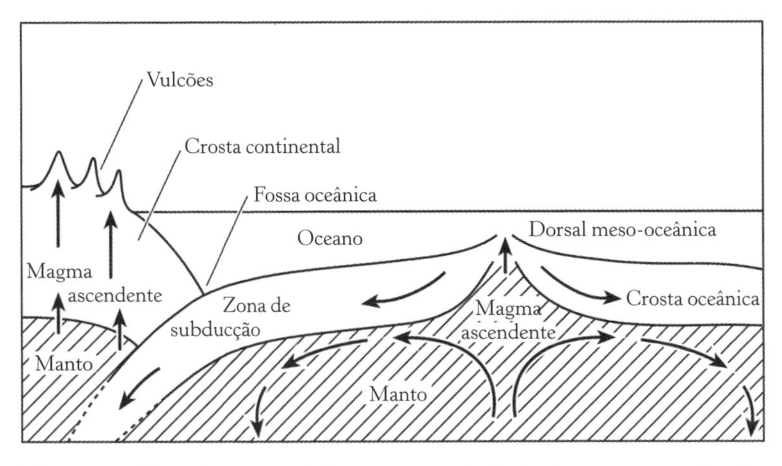

Figura 2.1 – Dorsal meso-oceânica, expansão do fundo do mar e zonas de subducção de trincheiras oceânicas.

Afastando-se do centro da Terra, a camada seguinte é chamada de manto (2.900 quilômetros de espessura). A litosfera, parte externa do manto (180 quilômetros), juntamente com a crosta sobrejacente, é rígida e flutua sobre a astenosfera, que é mais flexível. Os grandes continentes são formados por uma crosta fria e rígida, composta principalmente de rocha granítica, que varia entre 35 a 70 quilômetros de espessura. As rochas continentais geralmente são muito antigas, datando entre 2 e 4 bilhões de anos. Já a rocha no assoalho oceânico é feita de basalto vulcânico, forma uma crosta mais fina, com cerca de 6 a 10 quilômetros de espessura, e é consideravelmente mais jovem, considerando que o assoalho oceânico mais antigo tem aproximadamente 208 milhões de anos.

No manto há enormes correntes de líquido quente mantidas em estado fundido pela radioatividade no interior do planeta. Essas correntes formam células de circulação no interior do manto (Figura 2.1) e, quando atingem a litosfera rígida acima, arrastam-na, provocando o movimento das placas tectônicas. Em certos locais, o material quente e ascendente do manto pode abrir caminho através da crosta do assoalho oceânico, dando origem a vulcões subaquáticos e formando uma cadeia de montanhas submersas (dorsal meso-oceânica). A lava dos vulcões subaquáticos, ao esfriar, forma uma nova crosta. À medida que correntes descendentes de convecção no manto se separam, elas podem lentamente arrastar consigo a crosta oceânica sobrejacente, variando entre 1 e 10 centímetros por ano. As grandes e profundas fossas oceânicas, localizadas nas margens dos oceanos, são zonas onde a crosta antiga é empurrada para baixo, fundindo-se ao manto (Figura 2.1). A crosta oceânica é, portanto, continuamente reciclada, com uma crosta sendo formada no centro dos oceanos e com as rochas mais espessas e antigas do assoalho oceânico encontradas mais próximas dos continentes.

Existem várias placas movendo-se pela superfície da Terra (Figura 2.2). Os continentes são elementos bastante passivos dessas placas móveis, uma vez que apenas se deslocam sobre elas e, ao contrário do fundo dos oceanos, não são consumidos pelo manto. No entanto, quando a rocha continental de duas placas colide, o material pode ser empurrado para cima, formando enormes cadeias montanhosas. Os limites entre as placas estão associados, portanto, a diferentes fenômenos ambientais, que são determinados de acordo com a movimentação das placas (se elas estão se afastando, aproximando-se ou deslizando uma sobre a outra). Os terremotos ocorrem principalmente nos limites das placas, o que explica por que algumas regiões são mais propensas a terremotos do que outras. À medida que as placas se movem lentamente, pontos de aderência, ásperos ou acidentados, acumulam força até que haja energia suficiente para fazer que as placas se movam com um solavanco, resultando no movimento conhecido como terremoto.

Os movimentos de duas placas tectônicas podem explicar alguns acidentes geográficos. Nos locais em que as placas se afastam, há **limites de placas divergentes** (por exemplo, na dorsal meso-oceânica) onde uma nova crosta é formada. Nas dorsais meso-oceânicas, a lava formada é quente e fluida, e forma vulcões-escudo suavemente inclinados. As erupções vulcânicas com esse tipo de lava (por exemplo, na Islândia, que se estende por uma dorsal meso-oceânica) tendem a não ser explosivas porque os gases escapam facilmente através do líquido, embora ocasionalmente surjam grandes bolhas de gás, com lava corrente voando. As erupções podem formar paredes de lava derretida saindo de uma fenda. A maioria das fronteiras divergentes está no meio do oceano, mas existem algumas no interior dos continentes, como o Vale do Rift, que com seu aprofundamento contínuo atualmente encontra-se abaixo do nível do mar e com parte preenchida pela água (o Mar Morto está 339 metros abaixo do nível do mar).

As falhas transformantes ocorrem onde as placas tectônicas deslizam umas sobre as outras (por exemplo, a falha de San Andreas, na Califórnia). Nessas regiões, há frequentemente pouca criação ou destruição da litosfera, e há poucos vulcões nas fronteiras transformantes. No entanto, essas fronteiras podem estar associadas a frequentes terremotos fortes e destrutivos. As taxas de movimento das placas podem variar de alguns centímetros, em um pequeno terremoto, a 2 metros, em um grande evento sísmico.

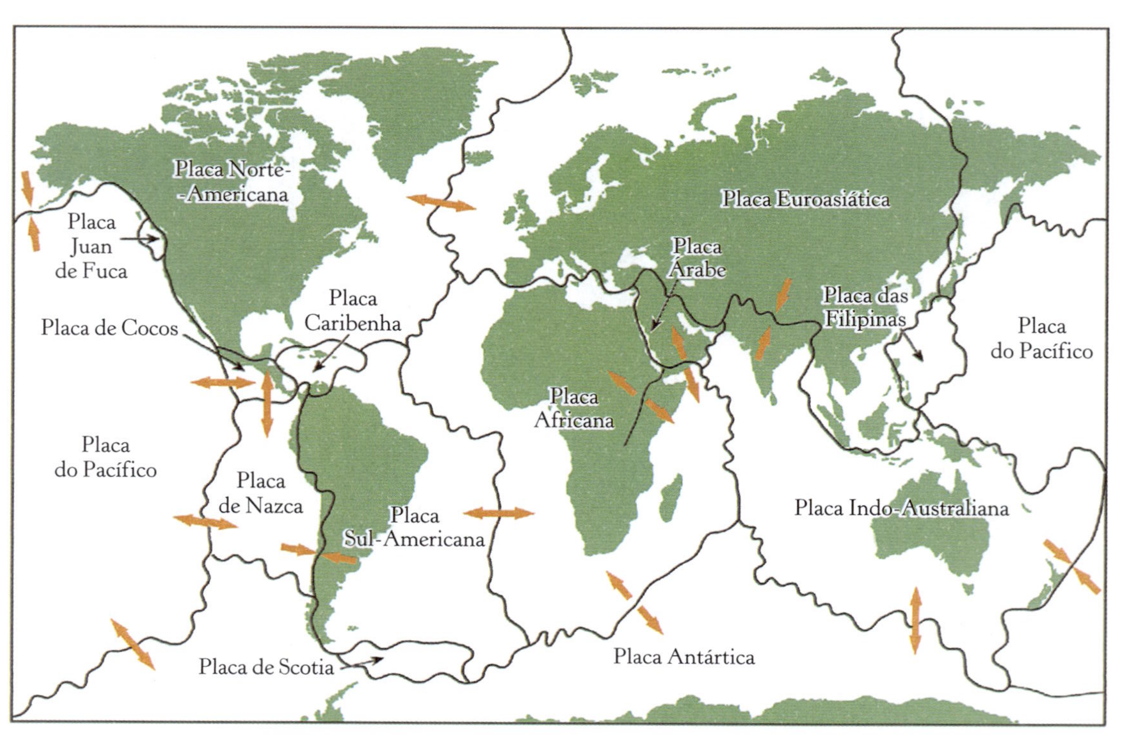

Figura 2.2 – As principais placas tectônicas; as flechas laranja indicam as direções dos seus movimentos.

Quando duas placas se movem uma em direção à outra, em um **limite de placas convergentes**, formam-se fenômenos físicos significativos. Se uma das placas deslizar sob a outra, forma-se uma **zona de subducção**. Isso acontece quando duas crostas oceânicas se chocam, ou quando a crosta oceânica mais densa encontra a crosta continental menos densa, e a crosta oceânica é, então, pressionada sob a crosta continental, incorporando-se ao manto. É por isso que a crosta oceânica é relativamente jovem em escalas de tempo geológicas. Com frequência, esse processo também forma cinturões de montanhas à medida que a crosta fica mais espessa na zona de subducção. Por exemplo, a placa de Nazca colide com a placa sul-americana (Figura 2.2) e é subduzida, criando a Cordilheira dos Andes e muitos vulcões.

Os vulcões formados em zonas de subducção podem ser explosivos e destrutivos. A crosta oceânica, ao ser subduzida, aquece à medida que é transportada para o manto, e libera água e outros materiais que descem pela placa, produzindo uma mistura que sobe à superfície. Se a placa superior for oceânica, são formados vulcões basálticos e arcos de ilhas. Quando uma placa oceânica colide diretamente com a crosta continental, a placa oceânica se move sob a do continente, e a água fica represada e faz que a rocha basáltica derreta sob pressão. O magma ascendente começa a derreter a crosta continental da placa sobrejacente, tornando-o viscoso e provocando uma explosão vulcânica com grande poder de destruição. Exemplos de vulcões com alto poder destrutivo incluem: Krakatoa (Indonésia), Vesúvio (Itália), Fujiyama (Japão) e Monte Santa Helena (Estados Unidos). A lava viscosa e que se movimenta lentamente se acumula dentro desses vulcões de paredes íngremes e, quando para de fluir, ela esfria, formando um tampão que aumenta a pressão dos gases acumulados dentro vulcão, até que seja liberada na próxima erupção.

Existem cerca de 1.500 vulcões potencialmente ativos acima da superfície terrestre ou oceânica (mas há dezenas de milhares no fundo do oceano). Em média, cerca de 50 vulcões de superfície entram em erupção por ano, embora em geral só tenhamos conhecimento sobre os de magnitude de destruição (ou que possam prejudicar uma viagem). Trabalhos recentes desenvolveram técnicas de análise de imagens de satélite a fim de detectar indícios de uma erupção iminente (Quadro 2.1). Os vulcões se formam na extremidade de um tubo central ou respiradouro que se estende do manto superior. Em geral, há uma cratera, a depressão superficial no topo do vulcão por onde o magma sobe lentamente, aumentando a pressão até que as condições sejam adequadas para a erupção. Com frequência, o calor do magma também pode ferver a água do solo, resultando em fontes termais e gêiseres, que chegam a se tornar atrações turísticas (como Beppu, no Japão, que tem 2.500 banhos naturais públicos, e o Wai-O-Tapu, na Nova Zelândia, composto por piscinas quentes coloridas e gêiseres que lançam água fervente a 20 metros de altura).

Alguns vulcões não estão localizados nos limites das placas, mas sim em pontos quentes, que provavelmente estão no topo das plumas quentes no interior do manto. Há mais de quarenta pontos quentes, e muitos deles se formaram no meio das placas. Por exemplo, no Parque Nacional de Yellowstone, nos Estados Unidos, há um ponto quente conhecido por seus incríveis gêiseres, poços de lama e outras formações vulcânicas. Há evidências de que uma erupção vulcânica massiva ocorrida há 600 mil anos depositou uma camada de cinzas com 12 metros de espessura a até 1.200 quilômetros de distância. Onde ocorrem pontos quentes abaixo do oceano e há um vulcão, a movimentação da placa cria uma série de ilhas vulcânicas ou montes submarinos (montanhas subaquáticas que não atingiram a superfície da água). O melhor exemplo é o arquipélago havaiana, onde está localizado o vulcão mais ativo da Terra, na ilha do Havaí, mais a leste. O vulcão Mauna Loa é a estrutura mais alta da Terra quando medida a partir da sua base no assoalho oceânico, com 10 quilômetros de altura. Mauna Loa e toda a ilha do Havaí levaram apenas 1 milhão de anos para se formar, o que é um período muito curto em escalas geológicas. O arquipélago também é formado por uma série de ilhas – por exemplo, Maui, Molokai, Oahu e Kauai –, disposta em uma linha que se estende por mais de 500 quilômetros para o oeste. Cada ilha é composta por um vulcão extinto, e os vulcões tornam-se progressivamente mais antigos à medida que se viaja para o oeste, onde as ilhas são tão antigas e erodidas que desaparecem abaixo da superfície da água do oceano para se tornarem montes submarinos. Isso também ocorre porque o assoalho oceânico que se move para oeste se torna mais profundo em direção à fossa oceânica.

QUADRO 2.1 – A PREVISÃO DE ERUPÇÕES VULCÂNICAS NO ESPAÇO

Cerca de 800 milhões de pessoas vivem em um raio de 100 quilômetros de um vulcão, o que pode levar a grandes perdas humanas por causa das erupções vulcânicas. Os vulcões podem permanecer inativos por centenas de anos antes de entrar em erupção, mas muitos ainda não contam com monitoramento terrestre. Para proteger os seres humanos, é importante ter esse acompanhamento, a fim de alertar sobre uma erupção iminente e que sejam tomadas as precauções necessárias, como a evacuação da área circundante. Sensores de satélite podem detectar alterações no movimento e na temperatura do solo, e na densidade da rocha (medindo campos gravitacionais), os quais podem ser indicadores fortes de uma possível erupção.

Figura 2.3 – Elevação da superfície terrestre em torno do vulcão Longonot, no Quênia. Em primeiro plano, é indicada pelo padrão do arco-íris no interferograma, produzido pelas diferenças da superfície da Terra em comparação com a posição do satélite. Ao fundo, a elevação do vulcão Suswa não foi medida. O número de ciclos completos das faixas coloridas indica o tamanho da elevação: cerca de 9 cm no Longonot antes de entrar em erupção.

Fonte: Volcanic uplift. *The European Space Agency*, 2 jul. 2010. Disponível em: https://www.esa.int/ESA_Multimedia/Images/2010/06/Volcanic_uplift. Acesso em: 21 maio 2024.

Antes de entrar em erupção, o magma tende a subir para as câmaras dentro do vulcão, fazendo que a superfície do solo fique saliente. A partir dos dados coletados pelo radar do satélite Sentinel-1, da Agência Espacial Europeia, é possível determinar se a posição da superfície terrestre está se movendo, mesmo que apenas alguns milímetros, pois o equipamento registra cada pedaço da Terra a cada poucos dias. As ondas de radar são enviadas para a superfície do solo, e o satélite mede a energia refletida. Pequenas alterações na posição do solo em duas datas de levantamento por satélite são registradas (a distância entre a superfície do solo e o satélite mudou), e assim podem ser avaliadas em imagens coloridas conhecidas como interferogramas, conforme apresentado na Figura 2.3. Muitas pesquisas realizadas por organizações, como o Centre for Observation and Modelling of Earthquakes, Volcanos and Tectonics (Comet) do Reino Unido, foram realizadas utilizando técnicas de computação capazes de filtrar e analisar automaticamente dados que detectam movimentos do solo.

Para obter mais informações e vídeos sobre a detecção de mudanças por satélite relacionadas a processos tectônicos, consulte o Comet, disponível em: https://comet.nerc.ac.uk. Acesso em: 21 maio 2024.

Os limites convergentes comprimem e deformam rochas, fazendo que elas se dobrem e enruguem como se fosse um pedaço de tecido sendo unido por duas extremidades, muitas vezes produzindo cadeias de montanhas que parecem ondulações quando vistas de um plano superior. A formação mais intensa de montanhas ocorre quando dois continentes colidem: a colisão não faz a crosta continental ser subduzida e, por isso, ela se torna mais espessa e pressiona a terra para cima, criando um grande cinturão montanhoso – como os Alpes, onde a Itália se deslocou para o norte na Europa, ou o Himalaia, onde a Índia colidiu com a Ásia ao longo dos últimos 50 milhões de anos. A zona de colisão continental do Himalaia diminuiu o comprimento da crosta continental em mil quilômetros, resultando em rochas dobradas, deformadas e com falhas. A crosta espessa se projeta como um iceberg flutuando no topo do manto com uma raiz profunda. Todos os dez picos mais altos da Terra estão no Himalaia; à medida que as altas montanhas são erodidas, a raiz flutuante sobe e expõe mais rochas e minerais, que foram alteradas por altas temperaturas e pressões.

Intemperismo e erosão

Intemperismo é a decomposição física da rocha, enquanto erosão é o transporte do material intemperizado. As montanhas formadas por processos tectônicos são desgastadas pelo intemperismo e pela erosão, e os sedimentos produzidos são transportados, muitas vezes por grandes distâncias, pela água, pelo gelo ou pelo vento, e podem ser reincorporados na formação rochosa no decorrer de longos períodos. A superfície da Terra está em constante mudança, embora muitas vezes demasiado lenta para ser notada durante a vida humana. As taxas de mudança variam conforme o tipo de rocha, clima, condições de encosta e cobertura de gelo e vegetação.

Tipos de rocha

A interação entre temperatura, mistura de minerais e pressão influencia na formação das variedades de rochas. Existem três tipos principais na superfície terrestre: ígneas, sedimentares e metamórficas. Rochas ígneas são formadas quando a lava derretida esfria e se solidifica. Se a rocha derretida vier de um vulcão, o basalto subsequente, resfriado e solidificado, terá pequenos cristais; se a rocha esfriar lentamente, cristais maiores são formados, produzindo uma rocha de granulação grossa, como o granito. Rochas sedimentares são produzidas pela intemperização das rochas seguida pela erosão e deposição de material. O sedimento depositado pode acumular-se ou ser levado a se acumular antes de ser compactado e endurecido ao longo de milhões de anos pelo peso e pressão dos sedimentos e por alterações químicas internas. Arenito, siltito ou xisto são exemplos de rochas sedimentares, e em geral possuem fragmentos que foram depositados durante a formação das rochas, incluindo fósseis. Algumas, como giz ou carvão, são quase inteiramente feitas de restos de animais e plantas.

As rochas metamórficas formam-se por fusão e reforma parcial de rochas sedimentares ou ígneas, sob alta pressão, e por serem mais duras tendem a ser mais resistentes. O calcário e o xisto transformam-se em mármore e ardósia quando passam por condições que alteram sua composição.

O ciclo das rochas indica que todos os tipos de rochas podem ser alterados. Todas podem ser derretidas e resfriadas para formar rochas ígneas. Todas podem ser intemperizadas e erodidas para formar camadas de sedimentos que se tornaram rochas sedimentares. Sob pressão e calor, rochas ígneas e sedimentares podem se transformar em metamórficas.

Intemperismo

Intemperismo é a decomposição das rochas provenientes de processos físicos e químicos – em geral, agem em conjunto –, e recebe suporte de processos biológicos, que também influenciam física e quimicamente. Os diferentes relevos resultantes do intemperismo se devem às variedades de estruturas das rochas, pois algumas são mais difíceis de serem "quebradas", como falésias ou rochas salientes de uma paisagem plana (por exemplo, em Uluru, no Norte da Austrália), onde um tipo de rocha se desgasta mais rapidamente do que outra.

Intemperismo físico

O intemperismo físico quebra a rocha em fragmentos menores por meio de processos como o congelamento-degelo, o intemperismo de sal e a fissuração térmica. A ação biológica física que se dá pelas raízes, que forçam aberturas nas rochas, também são relevantes. Congelar-descongelar é o mecanismo pelo qual a água congela em pequenas fissuras e se expande 9% durante o processo, ampliando a abertura das rachaduras e dividindo a rocha. O processo é mais ativo onde a temperatura oscila frequentemente acima e abaixo de 0 °C.

O intemperismo de sal ocorre quando os sais do ambiente formam cristais em pequenas rachaduras em condições desérticas.

As superfícies rochosas, relativamente nuas nos desertos, juntamente com grandes amplitudes térmicas e ausência de chuvas, elevam a concentração de sais em superfícies e, em seguida, provocam a rachadura ou a descamação da superfície rochosa. A cristalização ocorre quando a elevação da temperatura faz a formação de cristais de sal crescer, e as entradas de umidade fazem que o volume do sal aumente e que ocorra a expansão térmica nos sais após o aquecimento. Esse tipo de intemperismo é mais comum onde nevoeiros costeiros carregam sais marinhos para áreas desérticas, como no deserto do Namibe, na Namíbia.

O intemperismo termal também é relevante em desertos onde há elevada amplitude térmica. As rochas se expandem e se contraem à medida que elas aquecem e esfriam ao longo do dia, criando tensões internas que enfraquecem as rochas e soltam as partículas, que variam de acordo com a composição mineral. Às vezes, as rochas podem rachar se acendermos fogo ao redor delas por causa das tensões de expansão.

Tors (Figura 2.4) são torres de lajes de granito articuladas, ou outros tipos de rocha, frequentemente quebradas. Os blocos de pedra equilibrados uns sobre os outros podem dar a falsa a impressão de que foram os seres humanos que ergueram as estruturas, ou que uma série de processos de intemperismo os formaram, mas os tors são as estruturas mais resistentes da paisagem circundante que foi perdida pelo intemperismo e pela erosão. Tors se formam ao longo de centenas de milhares de anos. Em algumas regiões, o congelamento-degelo tem sido um fator-chave na sua formação, enquanto em outras áreas, como o Kit Mikayi (Figura 2.4), o intemperismo de sal teve maior influência. O intemperismo age com mais eficácia em juntas ligeiramente mais frágeis, incorporadas à estrutura rochosa desde sua formação. Esses pontos são prioritariamente removidos com o passar dos anos, deixando os blocos equilibrados uns sobre os outros. Algumas dessas formações, como a apresentada na Figura 2.4, receberam significado cultural e religioso.

Figura 2.4 – Kit Mikayi, um tor de 40 metros de altura, localizado a 30 km a leste de Kisumu, no Quênia.
Fonte: Valerius Tygart.

Intemperismo químico

A água atua como solvente para dissolver rochas, que são constituídas por **bases** (cálcio, magnésio, sódio e potássio), sílica e **sesquióxidos** (principalmente alumínio). Uma vez que a sílica é, pelo menos, dez vezes menos solúvel que as bases, mas é dez vezes mais solúvel que os sesquióxidos, o intemperismo químico é o que mais reduz a proporção de bases, seguida pela proporção de sílica. A exposição dos materiais próximos à superfície aumenta a ação da atmosfera no intemperismo dos minerais: os gases da atmosfera, como oxigênio, vapor de água e dióxido de carbono, agem sobre a superfície – por exemplo, ferro e oxigênio produzem óxido de ferro (ferrugem) –; pequenas quantidades de dióxido de carbono da atmosfera dissolvidas na água da chuva produzem um ácido carbônico fraco, que atua no desgaste das rochas; em um cenário de mudança climática, as chuvas mais intensas combinadas com altas temperaturas e concentrações mais elevadas de dióxido de carbono podem acelerar as taxas de intemperismo químico; quando o ácido carbônico reage com a rocha, resulta em produtos químicos dissolvidos que são transportados em solução, podendo resultar na perda de dióxido de carbono da atmosfera para os oceanos através dos canais fluviais e atuar como um *feedback* negativo das mudanças climáticas, em escalas de tempo muito longas.

O intemperismo químico também sofre influência da ação biológica. Por exemplo, raízes das plantas liberam ácidos orgânicos no soloque auxiliando na extração de nutrientes necessários à vegetação, mas que também contribuem na dissolução do solo e das rochas. Muitos animais de pequeno porte do solo (por exemplo, minhocas) processam o material do solo através de seus corpos, alterando-o tanto bioquímica quanto mecanicamente à medida que extraem nutrientes dele.

O **cárstico** refere-se a paisagens moldadas pela dissolução de rochas muito solúveis, como o calcário, o gesso e a dolomita. Cerca de 15% da superfície da Terra tem formas cársticas, que abrigam 1,2 bilhão de pessoas. O rápido desenvolvimento cárstico em zonas tropicais úmidas pode resultar em torres rochosas, como as apresentadas na Figura 2.5a, onde a maior parte da paisagem circundante foi dissolvida, deixando evidentes os picos altos e estreitos. Nas regiões mais frias, a glaciação destrói a cobertura do solo e, uma vez recuado o gelo, deixa para trás rochas expostas, que acabam por sofrer intemperismo por solução, prioritariamente ao longo das juntas mais frágeis. Uma vez iniciado o intemperismo, a água se acumula com mais velocidade ao longo das depressões e acelera ainda mais o processo, resultando em uma paisagem com uma série de pequenas placas de rocha, conhecidas como clints, ou cristas, e separadas por profundos sulcos intemperizados, conhecidos como grykes. Tais características são frequentemente conhecidas como "pavimento de calcário" (Figura 2.5b). A subsuperfície das áreas cársticas também sofre intemperismo e erosão significativos, criando grandes vazios com características de colapso da superfície, como buracos e depressões. O fluxo de água pode se concentrar ao longo das juntas mais fracas, acelerando seu desgastante e formando passagens subterrâneas, que podem evoluir para grandes sistemas de cavernas

(Figura 2.5c). Riachos podem correr no subsolo ao longo dessas passagens em alguns trechos de paisagens cársticas, por vezes durante dezenas de quilômetros, emergindo nas nascentes. Áreas desérticas quentes têm o desenvolvimento cárstico mais lento por causa da falta de água para o intemperismo e a erosão do material.

Figura 2.5 – Características da paisagem cárstica: (a) torres cársticas ao redor da cidade de Yangshuo, China; (b) pavimento calcário em Malham, Inglaterra; (c) passagem subterrânea criada por um rio através de calcário desgastado em Mammoth Cave, Kentucky, o maior sistema de cavernas mapeado do mundo.
Fonte: (a) Ericbolz; (c) James St. John, CC BY 2.0: https://creativecommons.org/licenses/by/2.0.

Erosão

A remoção de parte da rocha na forma dissolvida ou em pedaços pode se dar por meio de diversos processos. Na água, o material dissolvido é transportado através do solo ou da superfície da rocha e, em geral, segue longas distâncias a jusante. A concentração de material dissolvido (solutos) costuma ser mais elevada em climas secos, mas como há pouca chuva, as quantidades totais removidas podem muitas vezes ser menores do que em áreas mais úmidas.

Além do material dissolvido, a água move partículas sólidas por meio dos "processos de lavagem", sendo os mais importantes: erosão pluvial em *splash*, gerado pelo impacto das gotas de chuva no solo; erosão pluvial laminar, quando a água da chuva lava o solo, e erosão pluvial em sulcos, quando há o escoamento da água sobre os solos. O impacto das gotas de chuva desprende o material, que então é lançado na atmosfera. O respingo pode fazer o sedimento se mover para cima ou para baixo, mas por causa da gravidade em geral ocorre o movimento descendente. Garantir que haja boa cobertura vegetal para proteger o impacto das chuvas na superfície do solo é uma forma de reduzir os efeitos erosivos causados pelas chuvas.

Se as gotas de chuva caem sobre a água corrente que se move sobre a superfície da terra, seu impacto direto na superfície do solo é reduzido. No entanto, a água corrente pode transportar o material dissolvido. Em fluxos rasos, o processo de lavagem pela chuva, que combina os impactos das gotas, que separam os sedimentos, e do transporte por meio do fluxo de água sobre a superfície, pode ser muito eficaz. Quando a profundidade da água sobre a superfície é superior a 6 milímetros, o desprendimento das gotas de chuva é fraco e, portanto, o movimento inicial de uma partícula está mais relacionado ao fluxo da água, em um processo chamado erosão em sulco, comum em grandes tempestades. Áreas com pouca vegetação desenvolvem riachos temporários, pequenos canais de erosão formados durante tempestades. Molhar e secar, ou congelamento-degelo, acumula material que preenche os riachos entre as tempestades. No entanto, em uma grande tempestade, canais demasiadamente grandes, conhecidos como ravinas, podem se formar para serem reabastecidos antes do próximo evento, coletando água em eventos subsequentes e ampliando ainda mais as voçorocas.

O vento também pode ser um agente eficaz de erosão se houver sedimento disponível. O **transporte eólico** predomina em ambientes áridos e semiáridos onde há pouca água. Ventos fortes são necessários apenas para transportar pequenas partículas. Em velocidades normais, grãos de areia de tamanho médio (até 0,5 milímetro) são as maiores partículas que podem ser transportadas. Partículas mais finas podem ser transportadas pelo vento por milhares de quilômetros e, por esse motivo, isso é visto como certa preocupação para os processos globais. O Saara sozinho produz dois terços da poeira presente na atmosfera terrestre (260 milhões de toneladas por ano), composta por nutrientes essenciais para a floresta amazônica, a milhares de quilômetros de distância. Regionalmente, a deposição a jusante de material erodido pelo vento pode interferir no relevo, incluindo a formação de depósitos de dunas. Em zonas costeiras, as dunas podem ter características individuais (ver Capítulo 5), mas no interior elas tendem a formar vastas áreas conhecidas como mares arenosos, como o mar de areia do Kalahari, com cerca de 2,5 milhões de quilômetros quadrados. Em torno de um quinto das áreas áridas é coberta por dunas, mas elas também são encontradas em áreas semiáridas e sub-úmidas ligeiramente com mais vegetação, que podem ser resultado de relevos remanescentes de ambientes mais secos. As dunas de areia se formam quando a entrada de areia é maior que a taxa de perda. Este acúmulo pode estar relacionado à topografia local, quando a areia em movimento encontra um obstáculo, como um pequeno morro, uma planta ou uma rocha, ou mesmo quando a areia acumulada se torna ela própria um obstáculo, dificultando a dispersão de poeira. Normalmente, para que as dunas predominem, é necessário que o vento siga uma direção dominante, ou siga determinada direção durante um longo período, caso contrário, elas podem se formar e, depois, desaparecer à medida que a direção do vento muda. Sua forma depende da existência de mais de uma direção de vento predominante, e as dunas maiores podem atingir cerca de 100 metros de altura.

Uma vez formadas, as dunas podem, por sua vez, influenciar as velocidades do vento e, portanto, os padrões de erosão e deposição na área. Elas tendem a ter um gradiente suave contra a direção do vento, e um lado mais íngreme na mesma direção do vento. Grandes dunas podem se mover pela paisagem a taxas de alguns metros por ano. A areia é transportada por **saltação**, processo em que as partículas saltam e rolam ao longo de um leito. Ondulações na superfície arenosa são formadas à medida que o fluxo de ar sobe e desce sobre montes de areia, forçando a subida de sedimentos no lado da duna que está contra o vento, e depositando os sedimentos no lado a favor do vento da ondulação. Essas pequenas ondulações migram com o tempo conforme o sedimento se move, fazendo as características mudarem.

A erosão eólica nas rochas também pode ser formada pelo impacto das partículas abrasivas de areia e poeira. A abrasão pela areia ocorre geralmente perto do solo (em torno de 2 metros), pois a areia não pode subir muito por causa de seu tamanho. No entanto, partículas mais finas também têm alto grau abrasivo, alisando superfícies rochosas e até mesmo colinas inteiras, frequentemente conhecidas como **yardangs**.

O material pode sofrer a ação da erosão como uma grande massa, e não apenas como partículas individuais. Durante movimentos de massa (rápidos ou lentos), parte da rocha ou do solo também se move. Movimentos de massa de sedimentos gerados por grandes fluxos de água tendem a ser mais rápidos do que movimentos de massa de sedimentos mais secos. O efeito líquido de todas as forças que incentivam o movimento – gravidade, água e vento – e que operam sobre uma massa de material controla quando o material se move. A água corrente, por exemplo, pode separar fragmentos de rocha ou do solo se passar rapidamente sobre eles, recolhendo (arrastando) material da superfície ou desprendendo grãos do solo pelo impacto de gotas de chuva. O atrito e a **coesão** resistem ao movimento, e o material só começa a se mover quando as forças motrizes superam as forças de resistência. O material em movimento desacelera e para quando encontra gradientes mais baixos, ou onde a água que transporta o material se espalha e se move mais lentamente ou penetra no solo. O **fator de segurança** é a razão entre as forças motrizes e as de resistência e, em geral, é cuidadosamente aferido ao serem projetados taludes artificiais, como aterros de transporte ou entulho de mineração. A aferição procura garantir que as forças de resistência sejam maiores do que as forças motrizes durante diferentes condições meteorológicas.

Há muitos movimentos de massa. Nos movimentos rápidos ocorrem deslizamentos (ou seja, um bloco de massa se move) e fluxos (dentro dos quais diferentes partes do material se movimentam umas sobre as outras e em velocidades diferentes). O deslizamento pode ocorrer quando as fraturas enfraquecem a rocha, permitindo que as lajes deslizem encosta abaixo, e quando colunas de rocha ficam pendentes. Os fluxos ocorrem quando há mais água do que sedimentos misturada na massa em movimento. Em um deslizamento, há pouca água dentro do material em movimento, embora o líquido tenha contribuído para a diminuição do atrito e iniciado o evento.

Há também movimentos lentos de massa do solo, a fluência do solo, na qual, como uma unidade inteira, uma massa de rocha ou de solo se move lentamente encosta abaixo. A fluência do solo normalmente se movimenta de 1 a 5 milímetros por ano, e são causados pela expansão ou contração (por exemplo, umedecimento e secagem do solo, ou ação de congelamento e descongelamento). Outros movimentos são causados pela atividade biológica, que mistura o solo em todas as direções. Em terreno inclinado, a gravidade age mais em movimento descendente do que ascendente, e ocorre o transporte gradual de material nessa direção. Dependendo do ambiente, pode predominar um dos processos de deslizamento. Em áreas frias e montanhosas, o congelamento-degelo provavelmente impacta mais em deslizamentos, enquanto nas florestas tropicais a mistura biológica pode ser dominante. Técnicas de aração aceleram o deslocamento do solo, pois o solo é movimentado cada vez que é revolvido pelo arado. Se a lavoura for desenvolvida em um solo acidentado, há tendência de movimento global do solo quando ele se assentar após os períodos de plantio. Onde a direção da aragem segue o contorno e corta a encosta, o material é movido para baixo ou para cima, dependendo da direção da aragem. Onde o arado vira o solo em declive, resulta em um movimento aproximadamente mil vezes maior que o deslocamento do solo. A aragem de contorno em ambas as direções, à medida que o arado se move em uma e outra direção pela encosta, produz um movimento cem vezes maior do que o deslizamento natural. Ao longo das últimas centenas de anos, a deformação do solo associada à aragem pode ter sido responsável por mais alterações do solo do que a deformação natural nos últimos 10 mil anos.

Há situações em que há muito material intemperizado, mas o processo de erosão é limitado pelo transporte, como ocorre nos processes em *splash*, em que partículas da superfície de uma rocha são movidas por respingos de chuva. O abastecimento também é considerado limitado quando, mesmo que os processos de locomoção fossem efetivos, não há sedimentos em quantidade suficiente para serem transportados. As regiões onde as condições são limitadas para transporte, em geral, têm boa cobertura de vegetação e solo e, com o tempo, a inclinação das encostas tende a diminuir. Paisagens em que a remoção de material é principalmente limitada pela oferta costumam ter pouca vegetação e solo, e têm encostas íngremes, que permanecem inclinadas com a erosão. Uma paisagem pode, portanto, conter muitas pistas sobre os processos que a formam. Encostas convexas estão associadas a deslizamentos ou erosão pluvial em *splash*. Perfis côncavos são geralmente associados à erosão pluvial em sulcos. Os movimentos de massa, como os deslizamentos, geralmente resultam em encostas com um gradiente uniforme, formando declives uniformes, exceto em situações de atividade excepcional (por exemplo, erosão de falésias costeiras). Áreas semiáridas apresentam solos pedregosos e rasos com pouca vegetação; nesse caso, as encostas tendem a ser côncavas. Áreas temperadas e úmidas são geralmente dominadas por deslizamento, movimentos de massa e erosão por solução sob uma densa cobertura vegetal e solos profundos, formando em geral encostas convexas. Também é possível fazer a aferição em estruturas menores para identificar quais processos agem nela, por exemplo, verificando se existem pequenos montes de sedimentos na vegetação que possam indicar processos ativos de lavagem.

Mantos de gelo, geleiras e rios são agentes ativos de erosão que moldam as paisagens durante longos períodos de tempo. Esses recursos e seus processos associados são descritos com mais detalhes no Capítulo 5.

Solos

Composição e formação do solo

Na zona crítica (ver Capítulo 1), os processos de intemperismo fragmentam as rochas, proporcionando pequenos hábitats para plantas, que, por sua vez, produzem matéria orgânica que contribui para a formação do solo, que é de suma importância para os seres humanos. O solo atua como uma zona de crescimento das plantas destinadas às colheitas, sustenta a vida animal e retém umidade, influenciando qualitativa e quantitativamente a água de rios e lagos. O manejo do solo também impacta no combate às mudanças climáticas, pois nele se encontra uma importante reserva de carbono, que pode ser perdido para a atmosfera se as interferências na paisagem e as práticas agrícolas não forem feitas com cuidado.

O solo é composto de minerais, matéria orgânica, água e ar, e suas propriedades são influenciadas pela quantidade de cada um desses componentes. Na maioria dos solos, grande parte do material sólido é composta de matéria mineral derivada do intemperismo das rochas, enquanto, não menos importante, apenas entre 2% e 6% do solo são compostos de matéria orgânica. A matéria orgânica do solo é formada pelo **lixo orgânico**, proveniente da decomposição de restos de plantas e animais, por matérias mais resistente à decomposição, o **húmus**, e por organismos vivos e raízes de plantas, conhecidas como **biomassa**. O solo contém bilhões de bactérias em cada porção de terra, e o húmus encontrado nessa porção é produzido pelo lixo orgânico decomposto pelos organismos presentes no solo. Os nutrientes das plantas – especialmente nitrogênio, fósforo e enxofre – são liberados à medida que o lixo orgânico se decompõe, um processo conhecido como **mineralização**. A matéria orgânica mantém as partículas minerais unidas (o que estabiliza o solo), melhora a capacidade de retenção de água, melhora a aeração, armazena o carbono orgânico e é uma valiosa fonte de nutrientes, importantes para a fertilidade do solo.

O ar e a água preenchem as lacunas entre as partículas sólidas do solo. A aeração do solo influencia a atividade biológica e a decomposição da serapilheira. O ar permite que os organismos do solo, as raízes das plantas e a maioria dos microrganismos consumam oxigênio e liberem dióxido de carbono quando respiram, permitindo a troca desses gases para a sobrevivência dos organismos.

A água do solo contém substâncias dissolvidas, importantes para a absorção pelas raízes das plantas e locomoção de produtos químicos através do solo (de um lado para o outro, para cima e para baixo), tornando-os disponíveis para as plantas. É importante ressaltar que a água é retida no solo apesar das forças da gravidade que a puxam para baixo. Mesmo em desertos muito quentes e secos, é possível encontrar água no solo, por causa da atração química combinada das moléculas de água entre si e a atração da água pelas partículas do solo serem maiores que a força gravitacional. Se você mergulhar a ponta de um lenço em uma tigela com água, observará que a água sobe pelo lenço, ou seja, a água não flui apenas para baixo. Esta é uma ação capilar: os poros menores exercem forças de atração mais fortes sobre a água do que os poros maiores. Dessa maneira, a água capilar se move das partes mais úmidas do solo para as partes mais secas, porque os poros menores estão carentes de água, exercendo assim uma força de atração capilar sobre a água. É dessa maneira que as raízes atraem água para o interior da planta. Se o solo for grosso, geralmente constituído por partículas grandes e espaços porosos entre elas, então não será capaz de reter tanta água quanto um solo mais fino, com partículas e espaços menores. A função da água nos poros explica por que os solos arenosos não conseguem reter muita água e não são tão eficientes para o desenvolvimento das plantas quanto os solos de textura mais fina, com poros pequenos.

A formação do solo ocorre ao longo de milhares de anos, por isso é muito difícil recuperar o solo quando os seres humanos o manejam de forma inadequada, levando a grandes perdas de nutrientes pela erosão hídrica e eólica. A principal entrada de material vem da rocha desgastada a partir da liberação de partículas minerais liberadas pelo intemperismo que são jogadas nas camadas inferiores do solo. O acúmulo superficial de matéria orgânica de plantas e animais também é importante, assim como o material dissolvido na água e as partículas transportadas pela **precipitação** e pelo vento. As principais perdas de material dos solos se dão pela erosão eólica e hídrica, pela absorção pelas plantas – em geral, as substâncias retornam ao solo após a morte da planta caso o material não tenha sido removido do local – e pela **lixiviação**. Lixiviação é a remoção de material dissolvido do solo, cujo processo é mais rápido onde há grande entrada de água na superfície e os solos são bem drenados (por exemplo, em um campo agrícola irrigado com solos grossos e subdrenagem instalada). A água que penetra leva solo abaixo as substâncias dissolvidas, que, embora sejam depositadas nas camadas inferiores, parte do material dissolvido pode ser completamente removido, interferindo na qualidade das águas subterrâneas ou dos rios.

Influenciam a formação do solo: clima, "material de origem" (isto é, a matéria rochosa intemperizada), declive e organismos. O clima é o fator que mais influencia, uma vez que: determina as taxas de umidade e temperatura para o desenvolvimento do solo; mapas dos principais tipos de solo geralmente seguem as zonas climáticas. Solos em altas latitudes são frequentemente rasos e desenvolvem-se lentamente, enquanto os muito profundos são típicos de áreas tropicais. O material de origem influencia a formação do solo por meio do material intemperizado, enquanto inclinação, aspecto e altitude das encostas afetam o clima local, bem como as condições de drenagem e erosão. Já a vegetação influencia o tipo e a quantidade de lixo orgânico que é devolvido ao solo, protege o solo da erosão hídrica e eólica, interceptando a chuva e diminuindo o impacto da erosão em *splash* (ver "Erosão"), e diferentes tipos de solo dão sustentação a distintas comunidades vegetais. Por exemplo, nas florestas de coníferas há uma camada profunda de lixo orgânico com finas agulhas cerosas que se decompõem lentamente.

Os solos são frequentemente classificados por seu perfil vertical. Se cavarmos um buraco em um solo padrão, desde a superfície até sua base rochosa, ele será constituído por uma série de camadas horizontais conhecidas como **horizontes de solo** (Figura 2.6). Em alguns solos, os horizontes são facilmente identificados pela diferença de cores, enquanto em outros as distinções são mais graduais e com limites bastante incertos. Os horizontes do solo recebem letras de acordo com sua formação e sua posição relativa no perfil: o horizonte O, superior, é dominado por matéria orgânica fresca e parcialmente em decomposição; o horizonte A, escuro, contém húmus e minerais; o horizonte E é tipicamente pálido, resultado da lixiviação ou remoção de material pelas raízes das plantas (esse horizonte não está representado na Figura 2.6); o horizonte B subjacente, em geral, acumula matéria proveniente da lixiviação do horizonte acima (E) e do intemperismo abaixo (C). Geralmente, há uma transição do horizonte B para o C, que é principalmente composto por material de origem intemperizada, conhecido como **regolito**. O leito rochoso na base do perfil do solo é designado como horizonte R. Nem todos os solos contêm todas as camadas descritas.

A **laterização**, também conhecida como ferralitização, ocorre em solos tropicais de regiões onde altas temperaturas e chuvas abundantes resultam em taxas rápidas de intemperismo e lixiviação, de modo que não sejam mais encontradas bases nos horizontes (por exemplo, cálcio, magnésio, potássio e sódio), mas há enriquecimento de sílica e óxidos de alumínio e ferro. A podzolização (formação de solos podzóis) ocorre onde há muita lixiviação, locais com chuvas abundantes e boa drenagem, como florestas ou charnecas. Com abundância de água, os ácidos orgânicos da serapilheira são lavados e reagem com compostos de ferro e alumínio, transportados para baixo a partir do horizonte E pela percolação da água, e depositados no horizonte B. Os podzóis tendem a ser improdutivos para a agricultura, uma vez que os fertilizantes são facilmente eliminados

Figura 2.6 – Perfil de solo do norte de Minnesota, Estados Unidos, com indicadores adicionados à foto original.

Fonte: cortesia da United States Department of Agriculture (USDA), Agricultural Research Service.

e os solos são ácidos. Em condições de alagamento, ocorrem reações com produtos de ferro, impulsionadas por microrganismos, em um processo denominado **gleização**, que deixa o solo cinza ou azulado. Em áreas áridas e semiáridas, a água é atraída para a superfície do solo e, à medida que a água evapora, os sais permanecem na superfície ou perto dela. Esses eventos possibilitam a existência de diversos tipos e condições de solo.

Há vários sistemas de classificação, com terminologias distintas, e cada um deles contém cerca de 15 a 30 tipos de solos diferentes, e muitas vezes com subcategorias para os tipos principais. Essa variedade acaba confundindo, mas de acordo com o sistema elaborado pelo Departamento de Agricultura dos Estados Unidos, os principais são: vertissolos (solos argilosos inchados com rachaduras profundas e largas); histossolos (solos ricos em matéria orgânica); andossolos (composto por material original vulcânico, especialmente cinzas); e latossolos (solos que podem ser vermelhos, amarelos e cinzas, de regiões tropicais e subtropicais, com horizontes fortemente intemperizados e enriquecidos em sílica, argila e óxidos de alumínio e ferro, ácidos e com baixo teor de nutrientes).

Propriedades físicas dos solos

A textura e a estrutura do solo influenciam seu funcionamento e indicam como pode ser manejado. Elas controlam a retenção de água e, portanto, a capacidade produtiva do solo para o desenvolvimento das plantas, e a sua permeabilidade, ou seja, controla as taxas de fluxo de água por meio da paisagem para os rios e aquíferos (ver Capítulo 5).

A textura do solo refere-se às proporções relativas de partículas do tamanho do grão de areia, do silte (limo) e da argila. As partículas de argila são menores que 2 micrômetros (2 milionésimos de metro), o silte possui entre 2 e 60 micrômetros, e a areia, entre 60 e 2 mil micrômetros de diâmetro. A textura controla a retenção de água, aeração, taxa de drenagem, taxas de decomposição de matéria orgânica, compactação, suscetibilidade à erosão hídrica, capacidade de reter nutrientes e lixiviação de poluentes. A Figura 2.7 mostra como a textura do solo relaciona-se ao tamanho de cada partícula. Por exemplo, um solo composto por 40% de areia, 30% de silte e 30% de argila é classificado como franco-argiloso.

A estrutura do solo é determinada pela disposição das partículas, que geralmente se ligam umas às outras em formações chamadas **peds**, que se mantêm unidas por partículas de argila e compostos orgânicos, criando resistências que influenciam na taxa de erosão e na qualidade de produção do solo. Um solo com boa estrutura é bem drenado e arejado; solos carentes de peds, como em uma duna de areia, é descrito como sem estrutura. Solos de textura grossa tendem a ser mais frágeis, enquanto os de textura fina geralmente têm estruturas moderadas a fortes. A estrutura do solo é caracterizada em termos de forma, tamanho e distinção dos peds, e pode ser classificada em quatro tipos principais: em bloco (tamanho aproximadamente igual em cada lado, quase em forma de cubo, mas os peds podem ser angulares ou mais arredondados); esferoidal (em forma de esfera); platy (placas horizontais); e prismática (colunas de solo verticalmente alongadas com face plana).

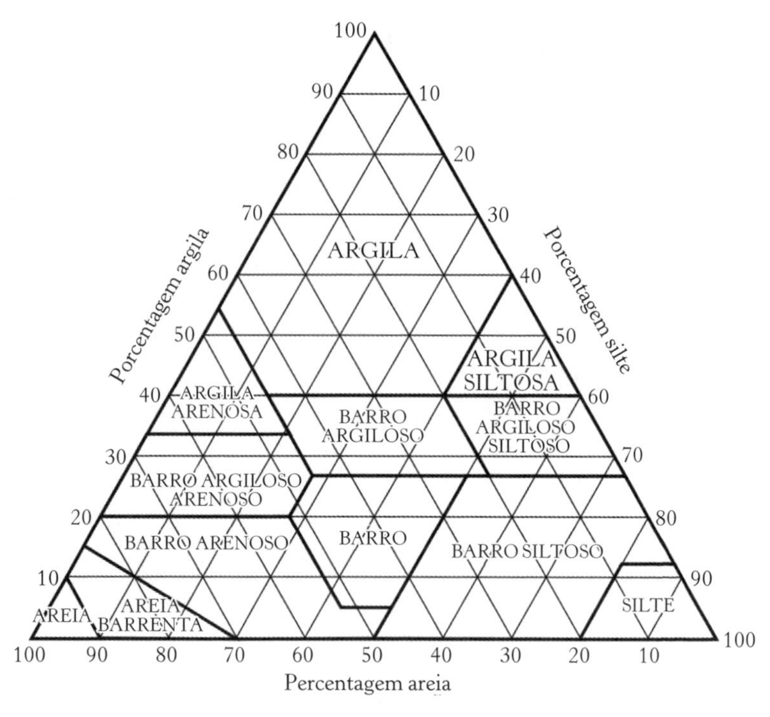

Figura 2.7 – Classificação comum de textura do solo.

Propriedades químicas dos solos

As propriedades químicas do solo são fortemente influenciadas pelo material de origem e pelo conteúdo de matéria orgânica, que fornece argila e partículas orgânicas. Os minerais argilosos são formados a partir do intemperismo de minerais de alumínio e silicato. Como os argilominerais são pequenos, determinado volume de argila terá grande área superficial total ao redor de todas as suas partículas em comparação com o mesmo volume de areia. Sabendo-se que um íon é um átomo ou grupo de átomos com carga elétrica (positiva ou negativa), as partículas de argila, que têm carga elétrica negativa, atraem e retêm água e cátions (partículas carregadas positivamente), e têm, portanto, influência fundamental nas propriedades físicas e químicas do solo. A **capacidade de troca catiônica** mede a taxa de retenção e liberação de vários elementos do solo, como os nutrientes para as plantas. Experimentos realizados durante o século XIX comprovaram que uma solução de cloreto de cálcio saía da parte inferior do solo quando era adicionado cloreto de amônio à superfície (como parte do fertilizante de nitrogênio), resultado de uma troca rápida de cátions de amônio e cálcio. O processo também é reversível. A carga negativa das partículas de argila e de húmus orgânico é equilibrada por cátions carregados positivamente, que são atraídos por partículas de argila e de húmus. Esses são os cátions permutáveis, assim chamados porque, em solução aquosa do solo, deslocam os cátions presentes na superfície da argila por meio da troca catiônica. As trocas catiônicas são reações equilibradas em que, por exemplo, se um íon com duas cargas positivas, como o cálcio (Ca^{2+}), for lavado por uma solução de sódio (Na^{+}, que tem uma carga positiva), serão necessários dois íons de sódio para substituir um íon de cálcio. A troca catiônica é a capacidade de um solo reter cátions, o que depende da carga negativa geral das partículas de argila presentes. A troca catiônica controla a fertilidade e a acidez, e faz que os solos atuem como importante tampão entre a atmosfera e as águas subterrâneas, reduzindo potencialmente a poluição dos cursos de água.

A acidez afeta muitos processos, desde o do desenvolvimento de plantas até o de alguns poluentes. Por exemplo, diversos metais pesados poluentes tornam-se mais solúveis em água sob condições ácidas e, assim, penetram no solo até alcançar as águas subterrâneas ou fluviais. Para possibilitar a medição de concentração das pequenas partículas de íons de hidrogênio, foi criado o sistema de pH, em que valores baixos (começando em 1) na escala de pH indicam característica ácida, 7 neutra, e acima de 7 até 14, alcalina. Na escala de pH, alteração de uma unidade representa uma modificação na grandeza de dez vezes na concentração de hidrogênio. Assim, um pH 5 significa que a solução do solo tem dez vezes mais concentração de íons de hidrogênio do que um pH 6. A maioria dos solos tem pH entre 3,5 e 9; valores muito baixos são frequentemente associados a solos ricos em matéria orgânica, como a turfeira.

Plantas verdes não podem crescer adequadamente sem que dezesseis nutrientes essenciais estejam nas proporções corretas, mas sua disponibilidade é influenciada pelo pH do solo. Com base em sua concentração nas plantas, os dezesseis elementos são divididos em macronutrientes (carbono, oxigênio, hidrogênio, nitrogênio, fósforo, enxofre, cálcio, magnésio, potássio e cloreto) e micronutrientes (ferro, manganês, zinco, cobre, boro e molibdênio). Para se ter uma ideia, a quantidade padrão de potássio em um solo é de 1,5% da massa total, enquanto o molibdênio representa apenas um centésimo milésimo de 1%. Uma faixa de pH de 6 a 7 é geralmente melhor para o crescimento das plantas, pois a maioria de seus nutrientes está prontamente disponível nessa faixa. O pH elevado do solo faz que o fósforo e o boro se tornem insolúveis e indisponíveis para as plantas, assim como, em pH baixo, o molibdênio e o fósforo também são insolúveis e, portanto, indisponíveis para as plantas. No entanto, a maioria dos nutrientes é mais solúvel em solos de baixo pH (ácidos), resultando em concentrações altas ou tóxicas desses elementos.

Os seres humanos e o solo

A atividade humana pode alterar o solo. É surpreendente que a área degradada pelos seres humanos (mais de 20 milhões de quilômetros quadrados) excede a área atualmente destinada para atividades agrícolas. A degradação deve-se ao desmatamento, sobrepastoreio e má gestão agrícola, ela ocorre por causa de erosão, acidificação e poluição do solo, redução do teor de matéria orgânica e **salinização**.

Desde a segunda metade do século XX, calcula-se que entre um terço e metade das terras aráveis do mundo foi perdida pela erosão. Embora seja um processo natural, os seres humanos aceleraram dramaticamente a erosão manejando de forma inadequada terras agrícolas, frequentemente deixadas sem proteção ou com uma cobertura vegetal muito baixa durante um período considerável do ano, e removendo tradicionais obstáculos à erosão, como grandes plantas lenhosas. Isso facilita o transporte de sedimentos superficiais por vento ou lavagem. As rodas do trator também danificam o solo ao compactar a terra e abrir canais para o fluxo rápido de água sobre a superfície, acelerando a erosão. Por sua vez, a erosão acelerada resulta em menor profundidade do solo, uma vez que ele é desgastado a um ritmo maior do que está sendo formado, muitas vezes com as camadas superiores mais orgânicas e ricas sendo degradadas primeiro. Por vezes, a erosão forma ravinas, dificultando a agricultura. Os sedimentos perdidos pela erosão movem-se para jusante e podem assorear estradas, reservatórios e cursos de água. Além disso, a erosão facilita a poluição das águas ao facilitar o transporte de alguns produtos químicos agrícolas que se conectam aos sedimentos. O controle da erosão envolve medidas: redução do pastoreio; plantio de faixas de vegetação para formar barreiras para reduzir o impacto do vento e captura de sedimentos; uso de culturas de cobertura para proteger a superfície da terra; aração mais cuidadosa; e construção de terraços para reduzir a inclinação e capturar sedimentos (de modo que a paisagem forma uma série de degraus ao longo da colina).

Problema principalmente de regiões quentes e secas, onde a evaporação e o movimento ascendente da água nos solos excedem o movimento descendente da chuva e da percolação, a salinização ocorre quando os sais solúveis de sódio, magnésio e cálcio se acumulam em uma taxa muito alta, reduzindo a fertilidade do solo. Além disso, a irrigação do terreno com água com elevado teor de sal (ou seja, houve muita evaporação do líquido antes de ser utilizado, aumentando a concentração de sais) agrava a situação. Em alguns países, cerca de 10% das terras aráveis sofrem com a salinização.

O pH do solo tem sido reduzido pela queima de combustíveis fósseis, fazendo a água da chuva tornar-se mais ácida. Além disso, a colheita de culturas e o uso excessivo de fertilizantes provocam a acidificação, por causa do aumento da solubilidade dos metais pesados (elementos metálicos com densidade superior a 6 gramas por centímetro cúbico), que podem ser tóxicos para as plantas, reduzindo as taxas de crescimento ou alterando o plantio para o qual o solo é adequado (por exemplo, a degradação da floresta na Europa Central). Os organismos do solo também são afetados, uma vez que espécies mais tolerantes às condições ácidas passam a viver nesse ambiente, e a taxa de decomposição da serapilheira se torna mais lenta.

Metais pesados, como cobre, chumbo, zinco e mercúrio, estão presentes naturalmente no solo, mas a poluição atmosférica e a aplicação de lodo de esgoto, resíduos agrícolas e lixiviação de aterros adicionam ainda mais metais pesados. As piores áreas de poluição por metais pesados estão em torno das regiões industrializadas, como no noroeste da Europa. Mineração, fundição, geração de energia, agricultura e desgaste de veículos e outras máquinas são fontes de poluição, contribuindo para o acúmulo de metais pesados no solo à medida que esses elementos se conectam à matéria orgânica e aos minerais argilosos, que geralmente não são absorvidos pelas plantas. Além disso, se o solo se torna muito ácido, ele libera metais pesados para a água do solo que ficam disponíveis para absorção pelas plantas, ou para a lixiviação nos rios, lagos e águas subterrâneas. Quando isso ocorre, as culturas que consumimos poderão ter níveis tóxicos de metais pesados, e a água se torna perigosa para consumo.

A agricultura moderna depende de pesticidas, para controle de doenças e pragas, e de fertilizantes, para fornecer nutrientes adicionais (como nitrogênio, fósforo e potássio), a fim de manter a alta produtividade agrícola. Com frequência, pesticidas agem sobre seres vivos, para os quais não foram produzidos, e penetram nas águas subterrâneas e nos rios. O uso de fertilizantes aumentou dez vezes desde a segunda metade do século XX; isso é positivo, desde que tenham sido aplicados na quantidade correta para o solo e para a cultura, assim como na época certa do ano, evitando desperdiço ou que tenham, simplesmente, sido removidos do solo. No entanto, águas dos rios, águas subterrâneas e lagos registaram aumento das concentrações de nitratos relacionados com a lixiviação de fertilizantes. Os nitratos na água potável são nocivos para a saúde, bem como são prejudiciais para plantas e animais que vivem em rios e lagos. A **agricultura orgânica** depende de processos biológicos para a produção agrícola e a pecuária, em vez da utilização de pesticidas e fertilizantes produzidos pelos seres humanos. Práticas como rotação de culturas, plantação de variedades mais resistentes a doenças, utilização de plantas que sequestram o nitrogênio da atmosfera e aplicação de composto e estrume são comuns na agricultura orgânica.

Os impactos ambientais mencionados, resultantes de atividades humanas, incentivaram a concentração de esforços para a elaboração de legislações e políticas públicas a fim de proteger e restaurar os solos como um importante recurso de apoio à vida humana. No entanto, é necessário fazer muito mais, especialmente à medida que a população mundial cresce e mais recursos são exigidos para alimentá-la. Na Convenção-Quadro das Nações Unidas sobre Mudanças do Clima (→ COP21), realizada em Paris em 2015, os países participantes acordaram em aumentar o nível de carbono no solo em 0,4% ao ano ("iniciativa 4 por mil"). Se essa meta for alcançada, contribuirá bastante para a retirada de dióxido de carbono da atmosfera a fim de mitigar as mudanças climáticas e reverter as perdas de carbono do solo causadas pela agricultura intensiva. Contudo, existe certo ceticismo sobre se tais ambições podem ser alcançadas, principalmente porque os solos têm suas especificidades regionais. Como parte do desenvolvimento de políticas relativas às mudanças climáticas (alcançar emissões líquidas zero de carbono até 2050 – ver Capítulo 4), países como o Reino Unido buscam formas de o setor agrícola contribuir, inclusive no aumento da absorção de carbono pelos solos: plantar mais vegetações e árvores em terras agrícolas; manter o restolho no campo em vez de queimá-lo; utilizar técnicas de aragem menos invasivas (ou não usar); aumentar a proporção de cobertura de erva; e usar o processo de "rotações", em que os campos descansam durante um período para se recupeararem, permitindo que a matéria orgânica do solo se acumule. Esta última estratégia é particularmente útil se os anos de pousio envolverem a plantação de erva e de vegetação de trevo, que captam bons nutrientes da atmosfera. Além disso, essa técnica torna o sistema do solo mais resiliente a fenômenos meteorológicos extremos, como secas, ajudando assim a mitigar os impactos das mudanças climáticas. Solos com boa estrutura e matéria orgânica abundante retêm mais umidade durante o tempo seco, e algumas formas de agricultura de precisão, apoiadas por grandes conjuntos de dados, aumentam o armazenamento de carbono no solo e melhoram suas as funções, ao mesmo tempo que permitem bons rendimentos agrícolas (Quadro 2.2).

QUADRO 2.2 – *BIG DATA* PARA SALVAR OS SOLOS

Novas técnicas, incluindo a inteligência artificial, ajudam a compilar, processar e analisar vastos conjuntos de dados (*big data*) e abrem oportunidades para uma gestão "inteligente" do solo. Nos últimos anos, cada vez mais agricultores têm adotado a agricultura de precisão com base em dados de localização de veículos agrícolas, sensoriamento do solo, condições das culturas, meteorológicos e assim por diante, o que permite plantar, fertilizar, regar, arar e administrar pesticidas a taxas cuidadosamente controladas, dependendo de seu local no campo e das condições do solo, por exemplo. Ao atualizar dados fornecidos por cada sensor e veículo de uma fazenda em tempo real, é possível usar computadores para "aprender" como certos padrões afetam as condições do solo ou o rendimento das colheitas e, portanto, aprimorar continuamente a agricultura de precisão para minimizar os impactos no solo e gerar benefícios mais amplos. Na técnica de aprendizado de máquina (*machine learning*), os sistemas informatizados são treinados para identificar padrões (por vezes ocultos) com base em dados disponíveis, de modo que possam ser feitas previsões mais precisas sobre os melhores locais ou momentos para aplicar diferentes práticas de gestão agrícola. Quanto mais dados forem introduzidos no sistema, mais a máquina aprenderá e poderá processar e aprimorar suas previsões. Essa prática também ajudará a melhor compreenderemos os padrões espaciais dos tipos e condições do solo.

Por exemplo, sensores de câmeras inteligentes em máquinas agrícolas podem detectar características de plantas e solos, e os algoritmos de aprendizado de máquina processam esses dados para determinar as doses químicas ideais para as culturas, bem direcionadas espacialmente. Essa técnica reduziu em 80% a 90% a utilização de produtos químicos em explorações agrícolas, e é agora explorada por empresas como a John Deere, que vende equipamentos agrícolas e serviços de suporte de dados. Esses avanços reduzem os gastos em produtos químicos e também proporcionam melhorias ambientais.

Resumo

- A crosta terrestre é formada por placas móveis; nos limites das placas, podem ocorrer terremotos e atividades vulcânicas.
- À medida que os continentes colidem, formam-se montanhas.
- No centro dos oceanos, forma-se uma nova crosta; na beira, a crosta afunda de volta ao manto. A crosta oceânica é relativamente jovem, com menos de 200 milhões de anos, enquanto as rochas continentais podem ter bilhões de anos.
- O intemperismo por processos físicos e químicos desgasta a rocha. O clima e o tipo de rocha influenciam diretamente o processo de intemperismo.
- A erosão transporta material intemperizado pela água, pelo vento e por movimentos de massa lentos e rápidos.
- O solo é composto por minerais provenientes de rochas desgastadas, matéria orgânica, água e ar.
- A formação do solo é afetada pelo clima, material de origem, topografia e organismos.
- A textura das partículas do solo e a estrutura física e química de um solo determinam a capacidade de troca de água e nutrientes e, portanto, sua utilização para o desenvolvimento das plantas.
- É necessário um manejo cuidadoso do solo, pois seres humanos podem degradar grandes áreas de solo por meio de práticas agrícolas inadequadas e da poluição.
- Um manejo do solo reduz os impactos das mudanças climáticas, armazenando mais carbono na terra, poupando energia utilizada para produzir fertilizantes químicos e pesticidas e tornando o sistema do solo mais resiliente a fenômenos meteorológicos extremos.

Leituras adicionais

BALLANTYNE, C. K. *Periglacial Geomorphology*. Chichester: Wiley-Blackwell, 2018.

Ver, em particular, os capítulos 10 e 11, sobre intemperismo de rochas e movimentos de massa.

BRADY, N. C.; WEIL, R. R. *The Nature and Properties of Soils*. 15.ed. Harlow: Pearson Education, 2016.

Livro popular sobre solos; muitos de seus exemplos são norte-americanos.

GREGORY, K. J. *The Earth's Land Surface*. London: Sage, 2010.

Livro de fácil entendimento, com estudos de caso e cobertura abrangente de processos; inclui capítulos sobre os principais tipos de ambiente.

GROTZINGER, J.; JORDAN, T. H. *Understanding Earth*. 8.ed. Boston: Bedford/St Martin's, 2020.

Texto ilustrado com materiais de mídia adicionais, usados para explicar o funcionamento interno da Terra, especialmente como funcionam placas tectônicas, terremotos e vulcanismo.

HOLDEN, J. (ed.) *An Introduction to Physical Geography and the Environment*. 4.ed. Harlow: Pearson Education, 2017.

Escrito por especialistas, esta coletânea fornece material mais aprofundado sobre todos os tópicos abordados ao longo deste capítulo. Conferir, principalmente, "Earth Geology and Tectonics" (p.29-52), "Weathering" (p.347-76), "Sediments and Sedimentation" (p.407-28), "Slope Processes and Landform Evolution" (p.377-406) e "Soils" (p.429-64).

HUGGETT, R. J. *Fundamentals of geomorphology*. 4.ed. London: Routledge, 2016.

Este livro introdutório trata, entre outros assuntos, de processos tectônicos, intemperismo, erosão e tipos de relevo (tema relevante para o Capítulo 5).

3
Atmosfera, oceanos, clima e tempo

Cobertor atmosférico

A Terra é circundada por uma camada de gás que se estende cerca de 500 quilômetros acima da superfície terrestre. Perto do ponto mais alto da atmosfera, a densidade do gás é muito pequena, com três quartos do gás concentrado a 11 quilômetros de altitude em relação à superfície do planeta. A camada inferior da atmosfera é chamada de **troposfera**, local onde o ar se mistura mais rapidamente e o clima é mais bem observado, e se estende até cerca de 6 quilômetros de altitude sobre os polos e cerca de 15 quilômetros sobre as regiões tropicais.

A atmosfera terrestre funciona como um filtro de detritos espaciais e radiação nociva. Embora a Terra receba apenas 2 bilionésimos da energia total liberada pelo Sol, essa quantidade é suficiente para ser a principal força motriz da água, do ar, do vento e da maior parte da vida no planeta. Como mostra a Tabela 3.1, apenas metade da energia do Sol que atinge a atmosfera aquece a sua superfície, e parte dessa energia é utilizada em processos como a evaporação da água ou o desenvolvimento das plantas. A maior parte da radiação solar absorvida, conhecida como radiação de ondas curtas, é processada pela terra, pelos oceanos e pela vegetação e retorna para a atmosfera como radiação de ondas longas, na forma de energia térmica (**radiação infravermelha** invisível). Com exceção de 18% da energia solar temporariamente absorvida (Tabela 3.1), a atmosfera é, em sua maior parte, invisível à radiação de ondas curtas, ou seja – e talvez muitas pessoas se surpreendam –, o ar na troposfera é aquecido principalmente a partir de baixo, pela energia térmica de ondas longas emitida pela superfície terrestre. Assim, a atmosfera deveria ser mais quente à medida que se aproxima da superfície, e mais fria quanto mais elevada é a altitude na troposfera. Os gases menos densos naturalmente sobem, e os fluidos mais densos descem. Como o ar é aquecido pela superfície durante o dia, ocorre a **convecção**, por meio da qual o ar menos denso próximo à superfície se eleva acima do ar mais frio e denso, que por sua vez desce em direção à superfície. À medida que o ar sobe, ele esfria, pois se expande por causa da menor pressão atmosférica em altitudes mais elevadas (à medida que a pressão de um gás diminui, a temperatura também diminui). Esses processos resultam em uma grande mistura vertical do ar na troposfera, dado que o ar quente ascendente é substituído pelo mais frio descendente.

Tabela 3.1 – Destino da energia solar ao atingir a Terra

Destino	Porcentagem da energia solar ao atingir a Terra (%)
Expandida e refletida pelas nuvens	21
Expandida e devolvida ao espaço pela atmosfera	6
Absorvida temporariamente pela atmosfera e pelas nuvens antes de retornar ao espaço	18
Refletida para o espaço de acordo com as característica de uma superfície, como gelo, neve etc.	4
Absorvida pela superfície terrestre	51

A atmosfera é composta principalmente de nitrogênio (78%), oxigênio (21%) e argônio (1%). Há pequenas concentrações de outros gases – como hidrogênio, vapor d'água (a forma gasosa da água), metano, óxido nitroso, ozônio e dióxido de carbono – que, apesar das baixas concentrações, influenciam o clima. Embora os gases da atmosfera quase não sejam afetados pela radiação de ondas curtas do sol, alguns absorvem prontamente a radiação de ondas longas. Ao contrário do oxigênio e do nitrogênio, certos gases – como dióxido de carbono, metano, vapor d'água e óxido nitroso – absorvem a energia térmica emitida pela superfície terrestre, fornecendo um "cobertor" sobre a Terra, e irradiam essa energia de volta para a atmosfera que, por sua vez, a absorve, aumentando sua temperatura. Uma estufa faz algo semelhante: o vidro permite que a radiação de ondas curtas passe através dele até atingir as plantas e o solo, que absorvem a radiação e, então, devolvem a energia térmica para o vidro, que, por sua vez, retém a onda longa de energia térmica e o ar mais quente dentro da estufa. O **efeito estufa natural** na atmosfera é um processo positivo: a energia do sol é absorvida pela terra, pelos oceanos e pela vegetação da superfície durante o dia, e depois transformada em calor, que é irradiado de volta para a atmosfera. No entanto, sem o efeito estufa natural, à noite, toda essa energia seria irradiada de volta para o espaço e, assim, a temperatura da superfície terrestre cairia rapidamente para níveis muito frios. Os gases de efeito estufa evitam que isso aconteça, retendo parte da energia na troposfera, dificultando a sua liberação para o espaço e mantendo o planeta a uma temperatura adequada para a manutenção da vida. A temperatura média da superfície da Terra é de 15 °C, mas sem o efeito estufa natural ela seria de aproximadamente –20 °C.

A Terra tem cerca de 4,6 bilhões de anos, e sua composição atmosférica mudou ao longo desse tempo. A atmosfera primitiva consistia principalmente de gás nitrogênio e dióxido de carbono, sem gás oxigênio. Os primeiros indícios de presença de gás oxigênio só se deu há cerca de 2 bilhões de anos, mesma época em que as bactérias se desenvolveram, e passaram a absorver dióxido de carbono da atmosfera e liberar oxigênio por meio da **fotossíntese**. Mais recentemente, os seres humanos alteraram a composição da atmosfera por meio da queima de combustíveis fósseis e da liberação de outros produtos químicos para a atmosfera (ver Capítulo 4).

Circulação atmosférica de larga escala

A taxa de mudança de temperatura em relação à altitude é conhecida como **taxa de lapso**. A taxa padrão de declínio, a **taxa de lapso ambiental**, na qual a temperatura diminui à medida que a altitude na troposfera aumenta é de cerca de 6,4 °C por quilômetro (esse valor é variável). A mudança brusca de temperatura associada a uma parcela de ar ascendente e em expansão é descrita como "adiabática", o que significa que não há troca de calor entre o ar ascendente e o seu entorno; a mudança de temperatura acontece no interior desse ar em movimento. Nesse caso, a taxa de diminuição da temperatura em relação à altitude, conhecida como **taxa de lapso adiabático seco**, é de 9,8 °C por quilômetro. O resfriamento de uma parcela de ar ascendente pode saturar o ar com vapor d'água (**ponto de condensação**), uma vez que o ar retém menos vapor em temperaturas mais frias, condensando as gotículas de água e formando nuvens e precipitação. (Pense em uma bebida gelada que é tirada da geladeira e colocada em uma sala quente; gotas de água se formam na parte externa do recipiente da bebida à medida que o ar ao seu redor esfria até o ponto de condensação e fica totalmente saturado, levando à condensação do vapor d'água.) Quando o vapor d'água (gás) se condensa, ele libera calor, aquecendo o ar ligeiramente. A taxa de lapso dentro dessa parcela de ar, que é menor que a taxa de lapso adiabática seca, é conhecida como **taxa de lapso adiabática saturado**, cujo valor varia de acordo com a umidade do ar e a temperatura. A energia térmica adicional liberada pelo processo de condensação pode elevar a parcela de ar ainda mais, formando grandes nuvens de água condensada. É a diferença entre as taxas de lapso que determina se as condições são favoráveis para o aumento contínuo da massa de ar e a formação de nuvens, ou se as condições são estáveis (ou seja, quando a taxa de lapso ambiental for menor que as taxas de lapso de ar seco e saturado adiabático).

Como visto, o vapor d'água exerce função importante no movimento atmosférico. Em média, a atmosfera contém cerca de um quadragésimo da precipitação anual global (cerca de 25 milímetros de profundidade de água, se toda ela fosse depositada uniformemente ao redor da Terra). A evaporação regular das águas da terra e dos oceanos mantém as chuvas durante todo o ano em diferentes partes do mundo. No entanto, essa distribuição não é uniforme em todo o planeta; em algumas áreas, a evaporação supera bastante as chuvas, enquanto em outras, a situação é inversa, o que indica a movimentação da água por longas distâncias na atmosfera. Como veremos mais adiante, a evaporação também é importante para as principais circulações oceânicas, que impactam fortemente no clima da Terra.

A descrição dos processos atmosféricos verticais não explica por que os ventos e o vapor d'água se movem horizontalmente ou por que o mesmo local pode passar por períodos de calmaria e de tempestade. O que se sabe é que os padrões de circulação do vento ajudam a formar as zonas climáticas e que há dois processos globais principais que os influenciam. O primeiro é a distribuição desigual da radiação do sol sobre a superfície da Terra devido à sua forma elipsoide. A Figura 3.1 ilustra como a mesma quantidade de radiação solar se dispersa por uma grande área perto dos polos, enquanto fica mais concentrada em uma região equatorial. Isso cria um gradiente de temperatura norte-sul; como o calor é sempre transferido de materiais quentes para materiais mais frios, o ar quente (e a água oceânica) da linha do equador tentará naturalmente subir e se mover em direção aos polos em altitudes elevadas da troposfera, para ser substituído por ventos e correntes oceânicas de níveis mais baixos que se movem na direção oposta.

O segundo processo de circulação global do vento é a rotação da Terra. Se o planeta não girasse e apenas um de seus lados recebesse os raios do sol, os ventos de superfície soprariam do lado frio e escuro para o lado quente e diurno, já que o ar ascendente do lado quente seria substituído pelo ar mais frio. Entretanto, a rotação da Terra cria uma aparente deflexão dos ventos para a direita no hemisfério Norte e para a esquerda no hemisfério sul, um processo conhecido

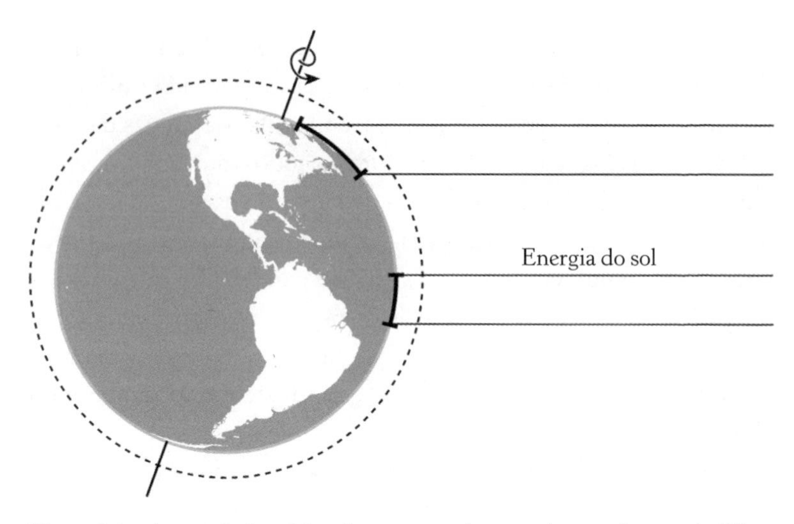

Figura 3.1 – A energia do sol é mais concentrada perto do equador e mais difusa nos polos.

como **efeito Coriolis**[1] e que é mais forte à medida que se move em direção aos polos.

Outro efeito da rotação da Terra está relacionado com a inclinação desse movimento e o seu impacto nas estações do ano. A rotação não se dá perpendicularmente em relação ao Sol, ela é realizada com uma inclinação de 23,5° (ver Figura 3.1), o que influencia os ciclos sazonais – o sol aparece ao meio-dia sobre o trópico de câncer (23°27' N) de 20 a 21 de junho, e ao meio-dia sobre o trópico de capricórnio (23°27' S) de 21 a 22 de dezembro. As áreas que estão na direção dos polos do Círculo Polar Ártico (66°33' N) têm, pelo menos, um período completo de luz de 24 horas, entre 20 e 21 de junho, ocorrendo o mesmo para o Círculo Antártico entre 21 e 22 de dezembro. Durante o inverno nos polos, quase seis meses ficam na escuridão, e seis meses têm luz diurna no verão. Assim, o hemisfério Norte recebe mais energia do sol desde o equinócio de março (21-22 de março) até

1 Gaspard-Gustave Coriolis (1792-1843), engenheiro francês que publicou em 1835 um trabalho sobre máquinas em rotação. No início do século XX, o termo efeito de Coriolis passou a ser utilizado na meteorologia. (N. T.)

o equinócio de setembro (21-22 de setembro) do que o hemisfério Sul. Na outra metade do ano, ocorre o inverso. O sol do meio-dia está localizado bem acima do equador durante os equinócios, quando a duração do dia e da noite é a mesma em todos os lugares do planeta.

O efeito Coriolis, combinado aos gradientes latitudinais de temperatura, resulta em grandes células de circulação atmosférica (Figura 3.2), com zonas de ar ascendente e descendente criando baixa e alta pressão na superfície. As células de Hadley[2] são formadas pelo ar quente ascendente perto do equador, que flui em direção aos polos e, depois, desce a cerca de 30° norte e 30° sul antes de retornar aos níveis baixos em regiões equatoriais. À medida que o ar desce (e, portanto, aquece), criando alta pressão em torno de 20° a 30° de latitude, há pouca condensação de umidade e, portanto, em geral essa região é caracterizada por céu limpo e ventos fracos. É nessa zona de alta pressão que se encontra a maior parte dos desertos. Entre 30° norte e 30° sul encontram-se os **ventos alísios**, ventos do leste que fluem em direção ao equador (ou seja, movem-se de leste para oeste). Eles se encontram no norte e no sul, perto do equador, em uma zona de baixa pressão causada pela subida do ar quente, conhecida pelos cientistas como **zona de convergência intertropical**, e cujas condições são favoráveis para o ar quente, úmido e ascendente, a condensação de vapor d'água, a nebulosidade e as grandes quantidades de chuva. A zona de convergência intertropical tem apenas algumas centenas de quilômetros de amplitude.

Sobre os polos, há células de circulação semelhantes às células de Hadley, mas com ar frio descendente nos polos e ar fluindo em direção ao equador na superfície. Esses ventos polares da superfície são desviados para leste pelo efeito Coriolis (Figura 3.2), enfraquecendo as células polares uma vez que a energia solar é menos intensa em altas latitudes.

2 George Hadley (1685-1768), advogado inglês e meteorologista amador. Em 1735 propôs uma explicação para os ventos alísios. Cf. Geo. Hadley, "Concerning the Cause of the General Trade-Winds: By Geo. Hadley, Esq; F. R. S.", *Philosophical Transactions (1683-1775)*, 39, 1735, p.58-62. (N. T.)

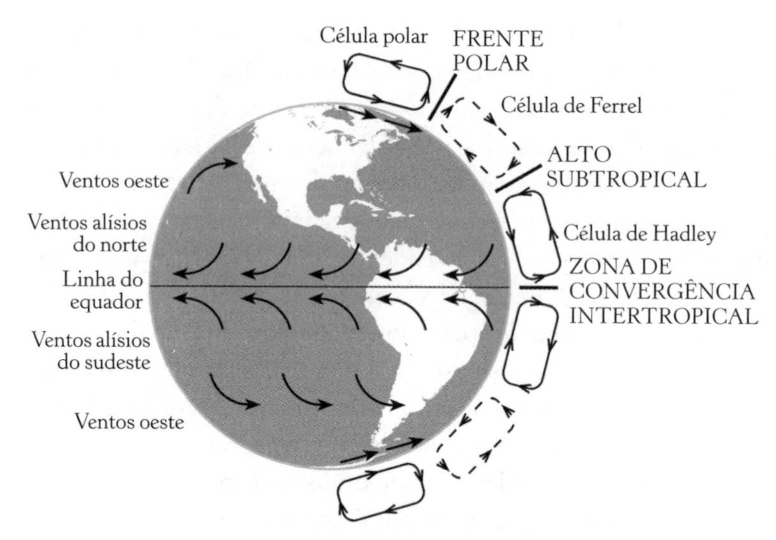

Figura 3.2 – Representação das principais células de circulação atmosférica e direções dos ventos de superfície.

Entre a célula de Hadley e a polar, encontra-se a célula de Ferrel,[3] que é caracterizada pelo ar descendente a cerca de 30° norte e 30° sul e ventos de oeste que se movem em direção aos polos na superfície da Terra. A elevação do ar ocorre na fronteira entre a célula de Ferrel e a polar, formando a **frente polar**. Na superfície, dentro da célula de Ferrel, há ventos do oeste transportando sistemas de circulação ciclônicos (sentido anti-horário) e anticiclônicos (sentido horário) que se movem para o leste.

Em níveis mais elevados da troposfera, o cinturão de ventos predominantemente ocidentais associados à célula de Ferrel é agitado por grandes ondulações, formando as **ondas de Rossby** (Figura 3.3),[4] que circundam a Terra e são, pode-se dizer, equivalentes à cobertura derramada sobre um pudim esférico de chocolate. A localização das ondas de Rossby é afetada por grandes cadeias

3 William Ferrel (1817-1891), professor norte-americano autodidata. Publicou em 1856 o artigo *Essay on the winds and current in the ocean,* no periódico *Nashville Journal of Medicine and Surgery*. (N. T.)

4 Carl-Gustaf Rossby (1898-1957), meteorologista sueco naturalizado norte-americano. (N. T.)

de montanhas, de modo que as ondas, principalmente no hemisfério Norte (onde há mais terra), são bloqueadas em certas regiões. O ar é mais frio na parte polar das ondas de Rossby, e muito mais quente no lado do equador. No inverno, podem ser formadas duas depressões perto das bordas orientais da América do Norte e da Ásia, com cristas sobre o Pacífico e o Atlântico, o que corresponde a depressões associadas ao ar frio durante o inverno sobre as massas continentais e às cristas sobre os oceanos mais quentes.

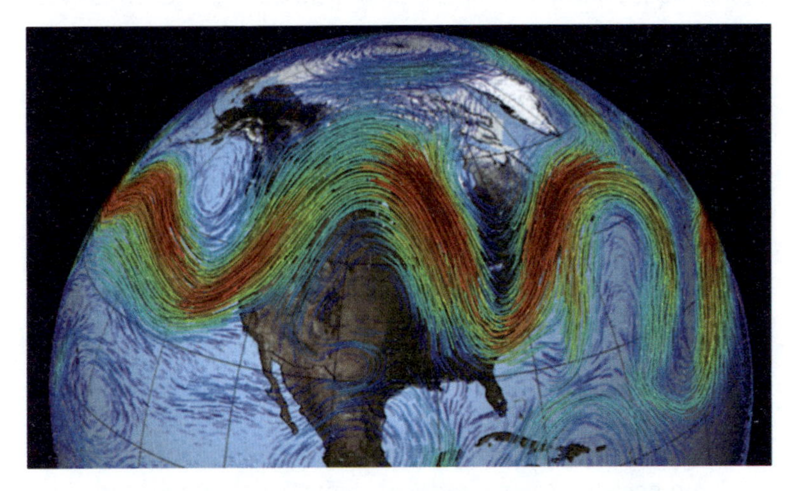

Figura 3.3 – Ondas de Rossby sobre a América do Norte, do Pacífico Norte ao Atlântico Norte. Ventos que se movem mais rápido estão indicados em vermelho e, em azul, os mais lentos.

Fonte: What is a Rossby wave? *Nasa's Goddard Space Flight Center*, 10 abr. 2023. Disponível em: https://oceanservice.noaa.gov/facts/rossby-wave.html. Acesso em: 23 maio 2024.

No interior das ondas de Rossby encontram-se faixas de ar que se movem rapidamente (pelo menos 30 metros por segundo), as **correntes de jato**, causadas por gradientes de temperatura muito elevados, que podem ter milhares de quilômetros de comprimento, centenas de quilômetros de largura e vários quilômetros de profundidade. Aeronaves usam as correntes de jato para se moverem para o oeste, mas evitam quando se movem para leste. Por exemplo, o voo da costa oeste dos Estados Unidos para a Europa pode levar uma hora a menos do que a viagem no sentido contrário. A forma das ondas de Rossby e a localização das correntes de jato são utilizadas na previsão do tempo, pois estão associadas à formação de grandes massas de ar circulantes na superfície da Terra em latitudes médias. Os padrões de circulação de ar na superfície reúnem massas de ar quente e fria e resultam diferentes condições, como vento forte ou fraco, ou ambiente seco ou úmido. Há várias animações *on-line* das ondas de Rossby[5] em que é possível verificar as velocidades do vento associadas a elas e como as ondas se movem, com formação de redemoinhos que podem se romper e dar origem a tempestades rotativas.

Circulação oceânica de larga escala

Os oceanos cobrem 71% da Terra. As interações entre os oceanos e a atmosfera desempenham papel importante no controle do clima e do tempo, sendo que quatro fatores se destacam na circulação oceânica: salinidade da água, temperatura da água, ventos de superfície e efeito Coriolis.

1) Contribuindo para a salinidade da água, o intemperismo químico das rochas terrestres (ver Capítulo 2) libera materiais químicos que podem ser dissolvidos e sofrer reações no oceano e, se retirados da água, serem depositados no assoalho oceânico. Por exemplo, alguns organismos marinhos extraem cálcio dissolvido para construir suas conchas e, quando morrem, esse cálcio desce para o assoalho oceânico. O equilíbrio entre o que entra nos rios e o que se perde para o assoalho oceânico controla em grande parte a composição química marítima. A concentração de sais no oceano depende, portanto, da localização e do tempo. A salinidade da água superficial pode ser diluída pelo degelo do gelo ou pela precipitação, ou pode ser concentrada em caso de evaporação, como ocorre em torno das regiões subtropicais secas de 20° a 30° norte ou sul.

5 Por exemplo, https://oceanservice.noaa.gov/facts/rossby-wave.html.

2) A temperatura da água é influenciada pela absorção da energia solar pela superfície do oceano. Em latitudes baixas, o ganho de calor é maior do que a perda, e em latitudes altas mais calor é perdido do que adquirido. Tal como ocorre com a atmosfera, há uma tendência de deslocamento das águas superficiais quentes em direção aos polos, proporcionando a regulação do sistema climático da Terra pelo transporte de calor da linha do equador para latitudes mais altas; caso contrário, os polos seriam ainda mais frios e os trópicos ainda mais quentes do que são atualmente. A água é uma excelente forma de armazenamento de calor de longo prazo para o planeta, pois é necessário mais energia para aquecer a água a 1 °C – e mais energia é liberada quando a água esfria a 1 °C – do que para aquecer qualquer outra substância comum.

Tanto salinidade quanto temperatura influenciam a densidade da água do mar. Se a densidade aumenta com a profundidade, então a água é considerada verticalmente estável. Se, no entanto, houver água mais densa em cima, ocorrerá a mistura vertical da água, ou seja, se um vento quente e forte evaporar a água na superfície do oceano, suas águas superficiais ficarão mais salgadas e densas, levando à instabilidade e à mistura de água.

3) As correntes de vento superficiais do oceano são impulsionadas pelos ventos de superfície (Figura 3.4). Por exemplo, os ventos alísios impulsionam as correntes equatoriais norte e sul, movendo-se na direção oeste paralelamente ao equador.
4) As correntes superficiais são desviadas pelos continentes e pelo efeito Coriolis (para a direita no hemisfério Norte e para a esquerda no hemisfério Sul), criando correntes quentes ao longo das costas orientais das Américas, Austrália, Ásia e África. No Atlântico Norte, essa corrente quente é chamada de Corrente do Golfo, que leva calor para o noroeste da Europa, e forma as partes oeste e norte do **giro** subtropical do Atlântico Norte. Os cinco giros subtropicais (ver Figura 3.4) são as formações superficiais dominantes dos oceanos, com

seu centro localizado a 30° norte ou 30° sul. Antigamente, o centro dos giros era evitado pelos marinheiros, por causa da calmaria do vento e das condições das correntes oceânicas, que impediam um rápido avanço pelos mares. Curiosamente, esse mesmo centro tornou-se lixões flutuantes, acumulando lixos descartados nos oceanos (Quadro 3.1). Em cada oceano existe uma corrente ocidental nas latitudes médias temperadas e uma corrente fria fluindo de volta em direção ao equador, na borda ocidental dos continentes. Há também uma corrente circumpolar ao redor da Antártida, cerca de 60° sul, mas ela não ocorre no Ártico, uma vez que há muitas massas de terra na região que bloqueiam o fluxo de água.

Enquanto as correntes superficiais são impulsionadas principalmente pelo vento, as correntes oceânicas profundas são movidas por diferenças na densidade da água. Esse sistema de circulação oceânica profunda é denominado sistema de **circulação termohalina** (Figura 3.5). Existem duas áreas importantes onde se formam correntes de águas profundas: a primeira está no Atlântico Norte e Oceano Ártico, e a segunda está no Oceano Antártico. No extremo Atlântico Norte, a água salgada da Corrente do Golfo move-se para norte, em direção ao Ártico, e esfria; salgada e fresca, é mais densa do que as águas circundantes e por isso afunda e flui para o sul, formando a principal corrente de águas profundas de todo o Atlântico. Há preocupações de que o degelo na região do Atlântico Norte, causado pelo aquecimento global, possa adicionar muita água doce ao oceano, reduzindo a salinidade da água da Corrente do Golfo, de forma a não ser mais suficientemente densa para afundar. Isso faria todo o sistema de circulação termohalina enfraquecer gravemente. Análises sugerem que a desaceleração da circulação reduziu em cerca de 15% nas últimas décadas, embora ainda se discuta sobre o momento em que esse processo teve início. A desaceleração reduz a transferência de calor da linha do equador, proporcionando condições climáticas muito mais frias em latitudes mais elevadas e ocasionando diferentes *feedbacks*, uma vez que o reflexo da energia do Sol, por causa do aumento da neve e da cobertura de gelo na Europa, esfriaria ainda mais o clima.

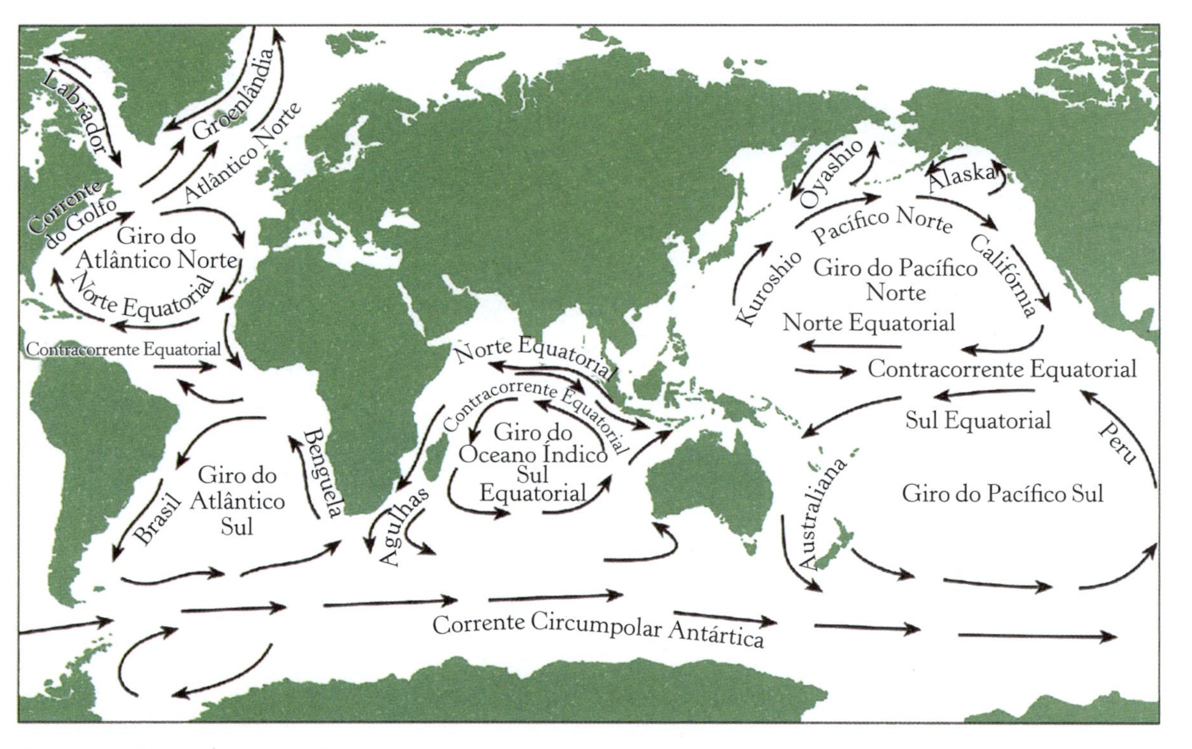

Figura 3.4 – Mapa das principais correntes oceânicas superficiais.

QUADRO 3.1 – AS MANCHAS DE LIXO OCEÂNICO

Os resíduos plásticos podem ser prejudiciais à vida marinha, causando estrangulamento, asfixia, fome (quando o plástico enche os estômagos) e liberação de toxinas. Cerca de 400 milhões de toneladas de plástico são produzidas anualmente, e infelizmente grande parte é descartada como resíduo (embalagens ou itens indesejados, usados ou quebrados) e chega aos oceanos, sendo arrastada pelos rios ou eliminada nas zonas costeiras.

Detritos plásticos flutuantes são encontrados em todos os oceanos, incluindo áreas remotas dos oceanos Ártico e Antártico, levados por correntes oceânicas. No entanto, as maiores concentrações de plástico oceânico foram detectadas em centros calmos dos giros oceânicos subtropicais, distantes de grandes massas de terra. Nesses lixões, pesquisadores encontraram centenas de quilos de plástico por quilômetro quadrado, muitas vezes com décadas de idade, e mais de 1 milhão de peças de plástico com mais de 0,5 milímetro de diâmetro por quilômetro quadrado. Por causa dessa grande extensão, essas áreas foram descritas como manchas de lixo oceânico.

O plástico pode ser quebrado lentamente em pedaços menores sob a luz solar, a ação das ondas e a fricção, mas não se degrada totalmente. Além disso, descobriu-se que pequenas partículas, os microplásticos (<0,5 milímetro de diâmetro), afundam, poluindo os oceanos não apenas na superfície, mas também em baixas profundidades. Também ocorre de animais marinhos ingerirem essas micropartículas, que são confundidas com plâncton, entupindo de plástico o estômago e os tornando incapazes de se alimentar, podendo morrer de fome. Há indícios de que os microplásticos presentes em colunas de água mais profundas são transportados das regiões subtropicais e subpolares por correntes subterrâneas em direção aos polos, o que justifica sua presença no gelo marinho e nas águas polares. Assim, as correntes superficiais concentram detritos plásticos maiores e flutuantes na superfície nos giros, enquanto as correntes mais profundas concentram microplásticos nas áreas polares.

Algumas organizações, como a Ocean Cleanup Foundation, apesar do grande desafio, desenvolvem técnicas para recolher macroplásticos flutuantes nos oceanos, atuando especificamente nos giros oceânicos, onde as concentrações de macroplásticos são maiores. Os materiais coletados são reciclados e se transformam em outros produtos. Mesmo assim, é fundamental reduzir a quantidade de resíduos plásticos, assim como evitar que eles cheguem aos oceanos (isso é especialmente importante dado que os microplásticos não podem ser facilmente extraídos).

Por exemplo, o clima ameno no noroeste da Europa poderia assemelhar-se ao clima muito mais frio do nordeste do Canadá (por exemplo, Labrador). Há evidências de que uma forte desaceleração da circulação termohalina ocorrida no passado tenha levado a significativas alterações climáticas (ver Capítulo 4).

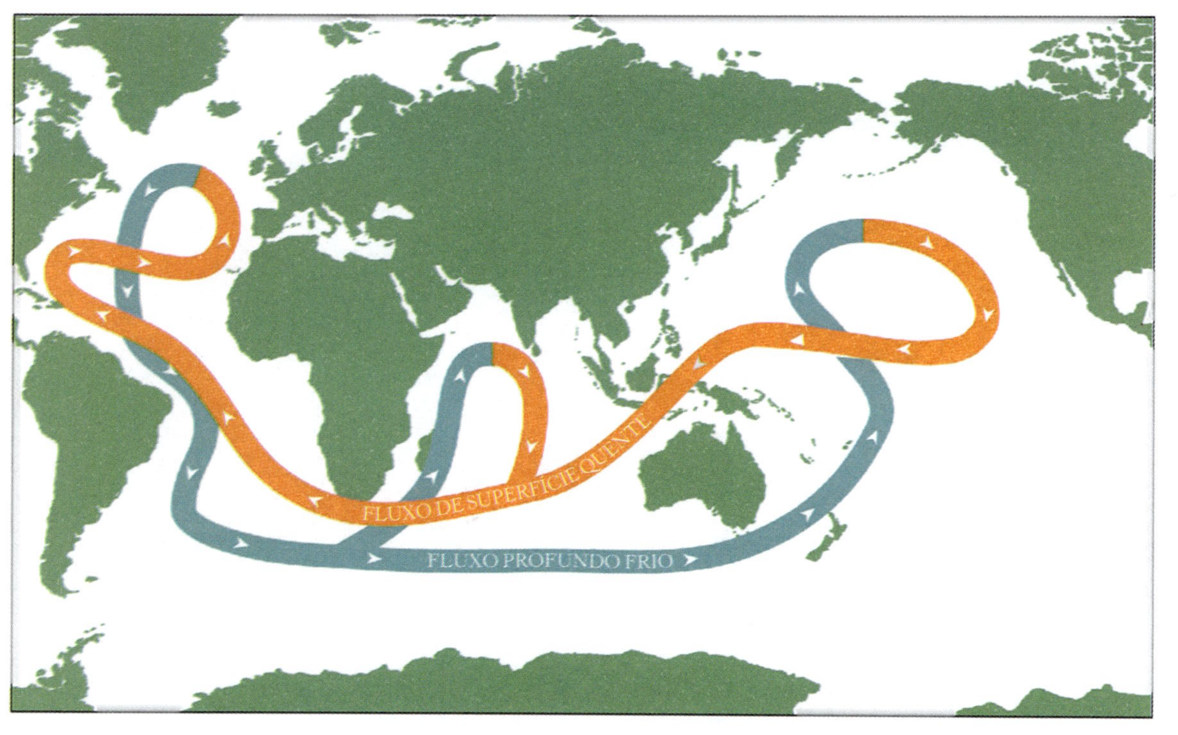

Figura 3.5 – Mapa esquemático do sistema de circulação termohalina.

A água que afunda deve ser equilibrada pela água ascendente que chega à superfície. O fenômeno de ressurgência em águas profundas ocorre a milhares de quilômetros de distância das zonas de afundamento. Ao longo de várias bordas orientais de continentes, as águas superficiais são levadas para o mar pelos ventos para serem substituídas por águas vindas das profundezas do oceano. A água ressurgida costuma ser rica em nutrientes que, ao atingirem a superfície nas zonas de ressurgência, e onde há luz suficiente, são consumidos pelo plâncton, que por sua vez colabora para o enriquecimento da vida marinha. Um exemplo de zona rica de ressurgência é a costa do Peru.

Variabilidade climática interanual

Embora existam hábitats ricos em variedades de peixes ao longo da costa do Peru devido a uma importante zona de ressurgência, muitas vezes eles entram em colapso por causa do **El Niño Oscilação Sul**, evento que demonstra diretamente o *feedback* entre os oceanos e a atmosfera no clima e que ocorre em intervalos de anos variáveis. O Oscilação Sul é caracterizado pela troca de ar entre o sudeste do Pacífico (alta pressão) e a região equatorial da Indonésia (baixa pressão). Na maioria das vezes, os ventos alísios são fortes e convergem para as águas quentes do Pacífico tropical ocidental, onde há baixa pressão e muita chuva. Durante esse período, a superfície do oceano no Pacífico tropical oriental é relativamente fria, e o ar sobre o oceano e as regiões costeiras da América do Sul equatorial é frio e seco (estado neutro). No entanto, a cada três a sete anos, durante seis a dezoito meses, os ventos alísios relaxam. À medida que a pressão do ar cai ao leste, a água superficial mais quente do oceano e as chuvas fortes se movem para leste, enquanto a pressão do ar na superfície aumenta a oeste. O El Niño resulta em seca na Indonésia, e fortes chuvas e inundações nas áreas costeiras na região equatorial da América do Sul. O movimento da água quente para o leste faz a ressurgência do Peru ficar coberta por água quente, impedindo que águas profundas e frias subam para a superfície. Assim, há escassez de nutrientes que sustentam a pesca.

Os efeitos do El Niño podem ser observados em todo o planeta por causa da interligação global do sistema climático, ou seja, a mudança em um local repercute em outros. Por exemplo, ao contrário das condições normais, a maior parte dos invernos do El Niño são quentes e secos no oeste do Canadá e úmidos do Texas à Florida. Os danos causados por inundações e deslizamentos de terra devido a altas precipitações no sul da Califórnia têm sido associados ao El Niño, assim como incêndios florestais na Indonésia, incêndios florestais e secas na Austrália, e quebras de safras e fome no centro-sul da África (como Zâmbia, Zimbábue, Moçambique e Botsuana). Durante o La Niña, observam-se diversos padrões inversos, com clima mais úmido na Indonésia, Austrália e partes da Amazônia, e climas mais secos no sul dos Estados Unidos. Alguns eventos do El Niño podem ser mais intensos e durar mais tempo do que outros. Meteorologistas têm tentado prever o comportamento da natureza e a gravidade dos eventos do El Niño para que governos, agricultores e sociedade possam se preparar(por exemplo, semeando culturas mais adequadas ou poupando água antes do início da seca). Pesquisadores também têm tentado prever como as alterações climáticas e os eventos da Oscilação Sul podem interagir no futuro (Quadro 3.2).

O El Niño Oscilação Sul não é o único exemplo de variabilidade interanual. A Oscilação do Atlântico Norte, em uma fase "positiva", aumenta a precipitação no norte e diminui no sul do continente europeu, e ameniza os invernos no norte da Europa, enquanto em uma fase negativa diminui a precipitação no norte europeu e aumenta muito mais no sul da Europa e no norte da África. A Oscilação do Atlântico Norte pode permanecer em fase positiva ou negativa durante vários anos, ou décadas.

É importante notar que outros eventos naturais isolados agem sobre o clima da Terra. As cinzas vulcânicas da erupção do Monte Pinatubo em 1991, nas Filipinas, escureceram os céus de todo o mundo durante mais de um ano; a poeira refletiu mais energia solar de volta ao espaço e, portanto, o planeta esteve um pouco mais frio naquele ano. Após a erupção do Monte Tambora em 1815, em Sumbawa, na Indonésia, temperaturas excepcionalmente frias prejudicaram safras agrícolas, contribuindo para a fome na América do Norte e na Europa durante dois anos.

QUADRO 3.2 – EL NIÑO E AS MUDANÇAS CLIMÁTICAS

Não existem dois eventos El Niño iguais, eles variam em intensidade. Atualmente, ocorre um El Niño extremamente forte a cada vinte anos. No entanto, acredita-se que os eventos mais extremos do El Niño e La Niña podem ocorrer a cada dez anos até o final do século XXI por causa das mudanças climáticas, e suas ocorrências podem ser mais fortes do que as atuais. Além disso, eles podem amplificar outros impactos das mudanças climáticas. Isso já pode ser identificado em comparação com os eventos anteriores, como o branqueamento extensivo dos corais (devido ao súbito aquecimento das temperaturas da superfície do oceano) e o aumento das tempestades no Pacífico. Prevê-se que o aumento das temperaturas globais deixará algumas regiões, como o sudoeste dos Estados Unidos, mais vulneráveis a secas severas e incêndios florestais, o que significa que os eventos do La Niña podem ter **efeitos compostos** nessa mesma região, aumentando ainda mais o risco de incêndios florestais e de ondas de calor. Durante o El Niño, é provável que o clima mais frio e úmido dessa região se intensifique, aumentando os riscos de inundações.

Tempo e clima regionais

Clima é a média de longo prazo das condições climáticas diárias que ocorrem em uma área. A quantidade de energia solar recebida na superfície da Terra de acordo com a latitude (Figura 3.1) influencia o clima de uma região, mas a localização dos oceanos e continentes e a circulação marítima e da atmosfera também são importantes. Isso significa que duas regiões em uma mesma latitude podem ter climas e condições meteorológicas muito diferentes. O norte da Escócia tem invernos amenos, enquanto Labrador, na mesma latitude a nordeste do Canadá, tem invernos rigorosos. As seções seguintes descrevem algumas características de clima e tempo observadas nas principais zonas climáticas do planeta.

Tempo e clima polar

Climas polares têm duas categorias principais: calota polar e tundra. As calotas polares, localizadas no centro da Groenlândia e na Antártida, são dominadas por alta pressão e são extremamente frias. No verão, as temperaturas ficam, em geral, abaixo de 0 °C e, no inverno, abaixo de –40 °C. Em alguns locais da Antártida, a temperatura média anual é cerca de –50 °C, já tendo sido registradas temperaturas próximas de –90 °C. O ar é muito seco e há pouca precipitação. Grande parte da área das calotas polares pode ser classificada como desértica, com pouca precipitação (em geral, menos de 100 milímetros por ano). A baixa precipitação nas regiões polares é a razão pela qual muitos geógrafos físicos diferenciam desertos quentes de desertos frios. O ambiente das calotas polares é ainda mais inóspito para sobrevivência por causa dos fortes ventos catabáticos, ocasionados pelo esfriamento do ar pelas calotas polares, deixando o ar mais denso e fazendo que afunde a partir do centro elevado das calotas polares (o interior da Antártida tem 3.500 metros de altura) em direção à costa.

Os climas de tundra polar são encontrados no norte da Escandinávia, Sibéria, Islândia, costa da Groenlândia e altas latitudes da América do Norte (ver Figura 6.3). A temperatura mais alta de um mês quente na tundra polar fica entre 0 °C e 10 °C, e as temperaturas no inverno são geralmente baixas (em média menos de –25 °C). A precipitação média anual tende a ser inferior a 300 milímetros. O clima é dominado pelo inverno prolongado, seco, céu claro e com alta pressão. Embora a luz solar do verão seja fraca nas regiões de tundra polar, as longas horas do dia podem derreter a cobertura de neve por curtos períodos, permitindo o degelo das camadas superiores do solo, e proporcionar uma curta estação de florescimento no verão (ver Capítulo 6).

Tempo e clima de latitude média

As latitudes médias são dominadas por sistemas climáticos que se movem pela Terra. No interior das ondas de Rossby de alto nível, descritas anteriormente, existem zonas de convergência e divergência de ar. A convergência ocorre onde o ar superior desacelera na onda de Rossby e a divergência, onde ele acelera. Se a divergência do ar no alto da troposfera for maior do que a convergência que ocorre perto da superfície terrestre, a pressão do ar na superfície cai fazendo o ar subir. Essa divergência, associada à força de Coriolis, forma uma grande massa de ar circulante e ascendente, fluindo no sentido anti-horário; esse fenômeno é conhecido como depressão. O oposto, ou seja, uma zona de alta pressão na superfície com o ar descendente fluindo no sentido horário, é conhecido como anticiclone. O movimento descendente nos anticiclones aquece o ar, deixando-o menos saturado (mais distante do ponto de condensação) e, em geral, deixa o céu mais limpo. Entretanto, em algumas ocasiões, pode haver **inversão térmica**, em que o ar mais frio e úmido fica retido abaixo do ar mais quente, formando uma camada de nuvem ou neblina especialmente no inverno. No verão, o ar da camada inferior da inversão é aquecido o suficiente para dissipar nuvens ou neblina.

Massa de ar é uma porção de ar que se formou e permaneceu sobre uma área por alguns dias e ganhou características particulares de temperatura e umidade. Há quatro tipos básicos de massa de ar: marítimo tropical, continental tropical, marítimo polar e continental polar, sendo as massas de ar continentais relativamente secas e as marítimas, úmidas. Os extremos adicionais são o marítimo ártico e o continental antártico.

O ar marítimo polar está presente em ambos os hemisférios, em regiões oceânicas de alta latitude. O ar continental polar ocorre no hemisfério Norte, enquanto o ar continental antártico ocorre no hemisfério Sul. O ar marítimo tropical é comum em ambos os hemisférios, e o continental tropical é menos comum porque não há grandes massas de terra nas regiões subtropicais (por exemplo, no Norte da África). A Índia pode ser uma região fonte de ar continental tropical no inverno, mas no verão a alta pressão sobre a Sibéria combinada com a cadeia montanhosa do Himalaia restringe o movimento atmosférico continental tropical em direção ao norte.

As massas de ar são influenciadas pela superfície terrestre. Se a superfície for mais fria que a massa de ar, a estabilidade atmosférica será maior, mas se a superfície for mais quente, a estabilidade diminui, aumentando a possibilidade de formação de nuvens e precipitação. Por exemplo, quando o ar marítimo ártico se move para sul sobre o Atlântico Norte, a superfície do mar é mais quente do que a massa de ar, assim, a superfície marítima aquece as camadas mais baixas da atmosfera, diminuindo a estabilidade e incentivando a convecção e a formação de precipitações. Os meteorologistas estudam áreas de origem das massas de ar, acompanham o seu movimento e tentam prever como elas podem ser modificadas pelas condições locais e interagir com outras massas de ar.

Frente climática é o limite entre duas massas de ar de diferentes densidades e temperaturas. Uma frente fria é uma massa de ar frio que se move em direção a uma massa de ar quente; uma frente quente é o inverso, uma massa de ar quente que se move para uma de ar frio. Em depressões, o ar ascendente concentra-se ao longo das frentes quente e fria e se move sobre uma grande área, condensando o vapor d'água e contribuindo para a formação de nuvens e precipitação, que, embora nem sempre seja intensa, pode ser muito volumosa. Ao analisar fatias verticais das frentes, é possível notar que elas são ligeiramente inclinadas a uma taxa de 1 metro de elevação vertical para cada 80 a 150 metros de distância lateral. As frentes frias são mais íngremes do que as frentes quentes e, por se moverem mais depressa, alcançam e ultrapassam uma frente quente, criando uma **frente oclusa**. Nessa ultrapassagem, a temperatura pode cair repentinamente ao nível do solo (queda de 5 °C em 30 minutos não é incomum).

A zona climática das latitudes médias é frequentemente dividida em duas regiões: as bordas ocidentais dos continentes e os interiores dos continentes combinados a condições semelhantes das bordas orientais. Os ventos que atingem as bordas continentais orientais de latitudes médias (por exemplo, o lado oriental da América do Norte e da Ásia) em geral percorrem longas distâncias, conectando o clima ao centro do continente e, por isso, essas duas áreas são classificadas na mesma zona climática.

Climas de borda ocidental continental de latitude média são encontrados principalmente no hemisfério Norte, mas Nova Zelândia, Tasmânia e sul do Chile também possuem características dessa zona. As margens ocidentais dos continentes têm invernos amenos para a sua latitude por causa das correntes oceânicas quentes (por exemplo, a Corrente do Golfo ou a Corrente Oriental da Austrália, ver Figura 3.4), e a amplitude térmica anual é pequena, com precipitação bem distribuída ao longo do ano, mas com aumento considerável da precipitação em cadeias montanhosas costeiras. As temperaturas médias de inverno para as bordas ocidentais continentais de latitude média ficam entre 2 °C e 8 °C, e temperaturas máximas médias de verão entre 15 °C e 25 °C. A precipitação média anual varia de 500 a 1.200 milímetros. Essas zonas climáticas podem ser ventosas, especialmente em regiões costeiras, e as depressões de latitudes médias podem formar ventos fortes e prejudiciais. O clima mediterrâneo, que consiste em inverno ameno e úmido durante meio ano, e verão quente e seco na outra metade, é encontrado no sudoeste da África do Sul, no centro do Chile, no sudoeste das linhas costeiras da Austrália, na Califórnia e no Mediterrâneo (ver Capítulo 6, para descrição da vegetação de climas mediterrâneos). As temperaturas médias de inverno nos climas mediterrâneos variam entre 5 °C e 12 °C, com máximas diurnas no verão entre 25 °C e 30 °C. A precipitação anual normalmente varia entre 400 e 750 milímetros, com menos chuvas no verão.

O interior continental de latitude média e sua margem oriental têm invernos intensos (temperaturas médias de em torno de 0 °C), com nevascas frequentes, cujo gelo não derrete até o início da primavera; já os verões são quentes e úmidos (cerca de 25 °C). Os invernos são mais frios ao norte (a 45° N) e a oeste, no centro dos continentes de latitude média, e os verões também são mais frios e menos úmidos. A 50° N, os invernos são rigorosos e os verões relativamente curtos (duram no máximo três meses, com temperaturas médias acima de 10 °C). A precipitação é bem distribuída ao longo do ano no interior continental de latitude média, mas no verão tem pico ocasionado, principalmente, pelas chuvas convectivas e sistemas frontais fracos. A precipitação anual é baixa (menos de 500 milímetros), mas o inverno frio e a precipitação no verão fornecem umidade suficiente para o desenvolvimento das plantas (como o trigo das principais áreas agrícolas da América do Norte). As regiões que ficam acima de 50° no interior continental de latitude média são dominadas por altas pressões no inverno, mas por sistemas climáticos frontais em outras épocas do ano. As temperaturas médias no inverno podem ser inferiores a –25 °C no mês mais frio, e chegar a –50 °C, como ocorre na Sibéria.

Tempo e clima tropical e subtropical

Próximo à linha do equador, o efeito Coriolis é insignificante e, por isso, o clima não é dominado pelo movimento de grandes sistemas meteorológicos de circulação atmosférica. Nessa área, o ar flui da alta para a baixa pressão, e o fluxo dos ventos alísios de nordeste e sudeste ajuda o ar a convergir para a zona de convergência intertropical, como vimos anteriormente. O ar, combinado com condições quentes, ascende e forma, com frequência, nuvens de convecção e chuvas abundantes; algumas regiões da Amazônia e da África Ocidental recebem mais de 4 mil milímetros de precipitação por ano. As temperaturas médias nas regiões equatoriais ficam em torno de 27 °C. No entanto, o clima equatorial não é igual em todas as regiões, uma vez que a topografia e a proximidade dos oceanos influenciam a temperatura e o volume das precipitações.

Em direção ao norte ou sul, afastando-se da linha do equador para a região dos ventos alísios, entre cerca de 5° e 20° de latitude, uma estação chuvosa (verão) e seca (inverno) torna-se mais perceptível. Os ventos alísios formam um regime de ventos constante, mas não particularmente severo. Contudo, podem formar depressões tropicais sobre os oceanos, algumas das quais se transformam em ciclones tropicais, também conhecidos como furacões no Atlântico e tufões no oeste do Pacífico. Os ciclones tropicais só são formados em ambiente com altas temperaturas da superfície do mar (pelo menos 27 °C), mas não ocorrem perto da linha do equador, onde a força de Coriolis é muito fraca. Eles só se formam sobre os oceanos porque é onde há energia suficiente para mantê-lo, vinda do calor proveniente da condensação do vapor d'água para a formação de nuvens. À medida que a fonte de umidade diminui, conforme o ciclone atinge a terra, o ciclone perde força e a tempestade cessa. Ciclones tropicais têm elevada intensidade de precipitação e, como se deslocam lentamente, os locais por onde passam recebem volumes de chuva muito elevados (a precipitação de dois a três dias de um único furacão pode totalizar várias centenas de milímetros).

O clima do cinturão de ventos alísios também inclui as monções, que ocorrem na Ásia, oeste e leste da África, Austrália e uma versão mais fraca no sudoeste dos Estados Unidos. As monções se formam em regiões com uma estação chuvosa excepcionalmente úmida e estão associadas à mudança da direção do vento. No inverno, os ventos sopram do continente relativamente frio em direção ao oceano quente (o ar mais quente que sobe acima dos oceanos atrai o ar continental, para substituí-lo). Existem, portanto, condições estáveis e secas em terra. No entanto, no verão, à medida que a terra aquece, o vento muda de direção por causa da baixa pressão (ar ascendente) da superfície que se forma sobre o continente aquecido. Dessa vez, o ar marítimo é atraído para a terra, substituindo o ar continental ascendente e levando consigo muita umidade. Essas mudanças são complementadas pelas alterações na localização da corrente de jato acima. Na Ásia, o vento seco do norte sobre a Índia inverte a direção em maio/junho, e o ar quente e úmido do Oceano Índico flui do sul até por volta de outubro, levando chuvas torrenciais. As chuvas não são contínuas, mas em algumas regiões montanhosas o volume de precipitação pode chegar a 10 mil milímetros por ano. As monções nem sempre são iguais de um ano para o outro, e quando ocorre o fenômeno El Niño na Ásia, ele pode até mesmo influenciar a diminuição das chuvas das monções, por vezes prejudicando as produções agrícolas.

Em contraste com as condições úmidas encontradas nas proximidades da linha do equador, os principais desertos são, em geral, localizados cerca de 30° de latitude, coincidindo com a zona de ar descendente e seco da célula de circulação de Hadley. Os desertos quentes mais secos estão em regiões costeiras ocidentais dos continentes, onde os anticiclones subtropicais são mais intensos. As principais características do clima quente do deserto são o vento, que aumenta a aridez, e as altas temperaturas diurnas (geralmente acima de 35 °C). O ar seco e o céu limpo proporcionam grande amplitude térmica (diferença de até 20 °C em algumas regiões), com temperaturas noturnas que podem cair para baixo de 0 °C.

Tempo e clima montanhosos

Colinas e montanhas podem modificar substancialmente o clima regional, uma vez que áreas montanhosas recebem maior quantidade de raios ultravioletas. Isso pode ser prejudicial aos seres humanos, causando câncer de pele se recebidas doses altas e regulares. Em geral, quanto maior a altitude na troposfera, menores são a pressão e a temperatura, ou seja, fica mais frio à medida que subimos uma montanha. Quanto mais alta e isolada for uma montanha, mais a temperatura do ar se assemelhará à da atmosfera livre, em vez da atmosfera aquecida que fica próxima da superfície terrestre.

Em condições de ventos fracos e céu limpo à noite, o solo esfria, invertendo a temperatura ao atrair o ar pelas encostas para os fundos dos vales mais frios. Com nuvens ou ventos fortes, esse processo será menos intenso. Durante o dia, se as encostas forem íngremes e a energia solar estiver forte, o ar é aquecido não só por baixo, mas também pelas laterais das montanhas, fazendo os ventos locais subirem pelas encostas de alguns vales. Praticantes de asa-delta ou parapente usam essa circulação de vento em áreas montanhosas.

Os volumes totais de precipitação tendem a aumentar com a altitude, mas esse aumento é maior em latitudes médias. Quando o ar que se move sobre a superfície terrestre atinge a cordilheira, ele é forçado a subir até o topo das montanhas, e à medida que sobe ele é resfriado até atingir o ponto de condensação, formando nuvens e precipitação. Assim, em latitudes médias, as montanhas aumentam a precipitação, mesmo em áreas relativamente secas. Contudo, em muitas áreas tropicais, a relação entre precipitação e altura é mais complexa, por causa da forte atividade convectiva que repetidamente impulsiona, dentro das nuvens, a precipitação para cima, fazendo que as gotas que caem da base das nuvens se evaporem. Assim, em áreas tropicais, a maior taxa de precipitação tende a ocorrer na base das nuvens, entre 1.000 e 1.500 metros de altitude. Em Mauna Loa, no Havaí, a precipitação é de cerca de 5.500 milímetros por ano a 700 metros de altitude, mas é de apenas 440 milímetros no topo da montanha, a 3.300 metros de altitude.

Se o ar ascendente sobre as montanhas chegar ao ponto de condensação, formando nuvens e precipitação, isso significa que, quando o ar descer novamente, depois de passar pela cordilheira e aquecer, então estará muito mais seco do que antes. Portanto, a sota-vento (lado oposto àquele de onde o vento sopra) das montanhas, o clima pode ser significativamente mais seco do que no lado de barlavento (lado que recebe o vento) das montanhas. Dado que as montanhas são barreiras ao fluxo de ar, em geral, são também locais que recebem fortes precipitações. Na ilha de Kauai (parte do arquipélago do Havai), no Pacífico, o Monte Waialeale recebe uma média surpreendentemente elevada de cerca de 12.500 milímetros de precipitação por ano no lado voltado para o vento. Contudo, a sota-vento da montanha, as encostas recebem anualmente apenas 500 milímetros. Locais próximos do oceano, onde não há montanhas, normalmente recebem cerca de 640 milímetros de chuva por ano. O vento quente e seco que sopra nas encostas das colinas e cadeias de montanhas é chamado de **vento föhn**. Esses ventos são ainda mais fortes, por causa do rápido movimento do efeito atmosférico ondulatório sobre uma cordilheira, e podem ser comparados ao movimento da água fluindo sobre uma pedra. Dependendo da região, os ventos föhn recebem diferentes nomenclaturas, como Chinook, na América do Norte, ou Zonda, na Argentina. Esses ventos são muito importantes porque, quando começam a fluir, podem aumentar a temperatura atmosférica em até 25 °C em uma hora, derretendo repentinamente a neve ou aumentando o risco de avalanche, e influenciando o crescimento das plantas. Por exemplo, no Canadá, a sota-vento das Montanhas Rochosas, foram registrados aumentos de temperatura superiores a 20 °C em apenas alguns minutos, quando o vento começou a soprar, tirando as plantas da dormência de inverno, e danificando-as quando o vento föhn parou. Como os ventos são quentes e secos, podem até aumentar o risco de incêndio.

Normalmente, o atrito da superfície reduz a velocidade do vento em cerca de 30%. No entanto, cristas expostas podem ter velocidades de vento mais altas, pois ocorre menos atrito em sua superfície e, portanto, o impacto do vento pode ser diferente do das terras baixas, por causa da característica do terreno (não necessariamente por causa da altitude). Além disso, se o vento for canalizado por um desfiladeiro ou vales entre picos individuais, ele será mais intenso nesses locais. Os ventos nas montanhas de latitudes médias também são influenciados pelos ventos predominantes ocidentais, geralmente mais rápidos em altitudes mais elevadas na troposfera. No entanto, a velocidade do vento pode ser baixa em montanhas tropicais e subtropicais, porque, em zonas de ventos alísios tropicais e subtropicais, os ventos alísios de nordeste e sudeste costumam perder força em grandes alturas.

Mais precipitação pode cair como neve, acumuladas com o tempo, em regiões montanhosas. O Quadro 3.3 descreve a formação de chuva e neve. Com frequência, o derretimento da neve na primavera pode produzir grandes fluxos sazonais de rios. Climas de regiões com geleiras são influenciados por essas formações; geleiras resfriam o ar em contato com a superfície e, dependendo do teor de umidade atmosférica, atuam como fonte de umidade ou como sumidouro. Por exemplo, se o ar estiver quente, o gelo pode sofrer **sublimação** (mudar diretamente do estado sólido para gasoso) acima da geleira, que utiliza energia e, portanto, resfria o ar.

QUADRO 3.3 – FORMAÇÃO DA CHUVA E DA NEVE

Nuvens contêm gotículas de água condensada, muito leves e que permanecem suspensas no ar. À medida que essas gotículas se movem, algumas delas se colidem e se unem, aumentando seu volume até ficarem tão pesadas que começam a cair, pois a gravidade que as atrai para baixo passa a exercer uma força maior que o ar ascendente que as mantém flutuantes. Esse processo é típico em nuvens quentes, e quanto mais profunda a nuvem, maiores serão as gotas e mais rápida ocorrerá a precipitação.

Em latitudes médias e altas, no entanto, muitas nuvens se formam onde a temperatura está bem abaixo de 0 °C. Nesse caso, as nuvens contêm tanto cristais de gelo quanto gotículas de água, que, por serem muito pequenas, não congelam imediatamente e ficam "super-resfriadas" (processo Bergeron). Uma propriedade peculiar relacionada ao ponto de saturação mais baixo do gelo em comparação com o da água demonstra que algumas das gotículas de água evaporam e depois congelam, formando cristais de gelo, que crescem. À medida que os cristais ficam mais pesados, eles se colidem e se unem uns aos outros, formando neve. Conforme os flocos caem, eles podem aquecer e derreter e, então, se transformar em chuva. Evidentemente, se o ar estiver frio perto da superfície, esse derretimento não ocorrerá, e a neve atingirá o solo.

Brisas terrestres e marítimas

A água demora para aquecer e esfriar. Portanto, grandes massas de águas sofrem poucas mudanças na temperatura da superfície ao longo do dia, assim como o ar sobre elas. Sobre a terra ocorrem maiores mudanças diárias na temperatura do ar, principalmente no verão, quando a energia solar é mais forte e a terra aquece durante o dia e esfria à noite. As diferenças de temperatura entre a terra e a água resultam em brisas marítimas e terrestres. O ar ascendente sobre a terra durante o dia atrai o ar frio que está sobre a massa de água adjacente, criando uma brisa marítima. As brisas marítimas só se formam quando os ventos estão fracos durante condições anticiclônicas. A brisa marítima pode ser encontrada em zonas que vão desde a superfície terrestre até 2 quilômetros acima do solo, e até 100 quilômetros para o interior, levando ar fresco e úmido para o continente. Essas brisas não se desenvolvem apenas perto dos oceanos, mas também onde há grandes massas de água no interior do continente, como os Grandes Lagos, na América do Norte, ou o Lago Vitória, na África. Essas brisas aliviam o calor dos trópicos, proporcionando frescor ao clima de áreas costeiras. Quando o ar mais úmido, vindo do corpo d'água, começa a se aquecer, ele ascende, formando nuvens; é por isso que, em alguns dias de verão, um dia pode não ter nuvens no interior, mas na costa estar nublado. A brisa marítima diminui com o anoitecer e, às vezes, é substituída por uma fraca brisa terrestre que sopra para o mar. Em latitudes médias e altas, durante o inverno, a temperatura de terras cobertas por neve pode ser menor do que a da superfície do mar e, por isso, é menos provável que haja formação de brisas marítimas, embora possa formar brisas terrestres.

Vegetação e clima

Se a terra estiver vazia, a temperatura do ar pode ser afetada pela escuridão e umidade do solo. Solos mais escuros absorvem mais energia solar e, portanto, irradiam mais energia de ondas longas de volta à atmosfera, aquecendo-a de baixo para cima. As taxas de evaporação de solos úmidos são maiores, esfriando a atmosfera à medida que a energia é utilizada para evaporar a água.

Os efeitos climáticas das superfícies com vegetação são complexos. Há grandes diferenças em campos destinados para pastagem e entre campos utilizados para distintas culturas: diferentes espécies de plantas refletem mais ou menos energia solar para o espaço; a velocidade do vento também é afetada pela altura e densidade da vegetação de uma região (por exemplo, seres humanos costumam plantar sebes ou fileiras de árvores onde precisam criar um bloqueio contra o vento); e até mesmo a **transpiração** das plantas interfere no resfriamento do ar, ao liberar vapor d'água.

Os efeitos da temperatura e do vento são amplificados nas florestas, deixando o dia muito mais fresco nas matas do que fora delas. Pesquisas demonstraram que florestas também impactam nos padrões regionais de precipitação, e que o desmatamento da Amazônia às taxas atuais, por exemplo, reduzirá a precipitação regional em 8% até 2050. Com ambientes mais secos, a capacidade hidroelétrica também reduz.

Clima urbano

O clima de regiões urbanas é único, por causa das superfícies das construções e das vias. Em geral, o terreno das zonas urbanas é muito mais "acidentado" e diversificado do que o das zonas rurais, e tem atritos que reduzem a velocidade do vento, que, por sua vez, diminui a dispersão das partículas poluentes e aumenta a poluição atmosférica (por exemplo, causada pelos automóveis). No entanto, edifícios altos criam rajadas de ventos fortes, uma vez que o vento é comprimido pelo pouco espaço entre as edificações. Além disso, materiais de construção tendem a ser bons absorventes da energia solar e não a refletem com a mesma capacidade de superfícies terrestres naturais. Superfícies urbanas liberam a energia absorvida sob a forma de radiação de ondas longas, que aquece muito mais o ar vindo de camadas inferiores do que em áreas rurais. O aquecimento artificial de casas, escritórios, lojas e instalações industriais libera energia para o ambiente urbano, especialmente no inverno, em latitudes médias e altas. A poluição atmosférica nas áreas urbanas também contribui para a elevação das temperaturas, uma vez que certos aerossóis absorvem facilmente a radiação de ondas longas emitida pelas superfícies urbanas (Quadro 3.4). Regiões urbanas também tendem a ter menos cobertura vegetal ou solos abertos e, por isso, a evaporação é reduzida (vale lembrar que o processo de evaporação requer energia para transformar a água do estado líquido em vapor, resfriando o ambiente), e se a evaporação é reduzida, o resfriamento será menor, em comparação com as áreas rurais. Combinados, esses fatores criam uma ilha de calor, fenômeno em que a área urbana atua como uma ilha de ar quente, rodeada por ar mais frio. A ilha de calor é mais perceptível à noite ou quando a velocidade do vento é baixa, e está relacionada ao tamanho e aos tipos de construção de uma cidade. As maiores ilhas de calor estão localizadas em Pequim e Nova York, e uma de amplitude térmica de 12 °C ocorreu em Montreal durante o inverno.

Por causa da poluição atmosférica nas zonas urbanas, há períodos em que as condições meteorológicas se tornam nocivas para a saúde humana. As fumaças de escapamento dos veículos são um problema generalizado para a qualidade do ar urbano, especialmente em regiões que recebem grandes quantidades de energia solar, como Atenas, Cidade do México e Pequim. A radiação ultravioleta reage com as emissões dos veículos e produz uma fumaça fotoquímica que irrita os olhos, nariz e garganta, e forma uma atmosfera nebulosa. Foi notável que muitas grandes cidades tiveram o nível de poluição atmosférica reduzido durante a pandemia da Covid-19, com menos veículos nas vias e fábricas fechadas, menos poluentes foram liberados para a atmosfera.

QUADRO 3.4 – A NEBLINA URBANA PODE AQUECER AS CIDADES?

O fenômeno de ilha de calor urbano provoca ondas de calor mais intensas nas cidades e forma neblina que causam problemas respiratórios aos seres humanos. Zonas urbanas que emitem grandes quantidades de aerossóis (partículas transportadas pelo ar) sofrem com mudanças de temperatura, pois aerossóis não só bloqueiam parte da energia solar vinda do espaço, reduzindo a radiação de ondas curtas que atinge a superfície terrestre, como também diversos aerossóis são muito bons na absorção e reemissão de radiação de ondas longas, aumentando as temperaturas. Tem sido, portanto, difícil estabelecer o efeito líquido nas temperaturas urbanas.

Um estudo recente de cidades chinesas analisou dados colhidos por satélite e descobriu que há uma relação entre o volume de neblina e o efeito de ilha de calor urbana durante a noite (Cao et al., 2016). Embora a neblina não contribua para o aquecimento diurno, à noite ela adiciona cerca de 0,7 °C. Cidades em regiões semiáridas – como Hami, no noroeste da China, onde o tamanho das partículas dos aerossóis costuma ser maior, por causa da poeira mineral das paisagens urbanas ser transportada em condições secas – foram aquecidas muito mais à noite pelos aerossóis e apresentaram efeitos de ilhas de calor urbanas mais impactantes do que cidades em áreas mais úmidas. Dito isso, elaborar políticas de emissões e de processos ambientais, para minimizar a liberação de aerossóis e reduzir a neblina formada pelas ilhas de calor, pode beneficiar diretamente a saúde humana e diminuir a intensidade das ondas de calor.

Resumo

- O sistema climático é um sistema integrado que envolve atmosfera, oceanos, superfície terrestre e vegetação.

- O sol aquece a superfície terrestre, que por sua vez aquece a atmosfera com a emissão de calor, de baixo para cima.
- Os gases de efeito estufa retêm parte do calor, de modo que à noite ele não é todo liberado para o espaço.
- O excedente de energia solar na linha do equador e o déficit nos polos desequilibram a transferências de calor pelo ar e pela água.
- A rotação da Terra impacta os movimentos do ar e da água, enquanto a inclinação do planeta provoca diferenças sazonais na recepção e na redistribuição da energia solar.
- Existe uma zona de ar úmido, quente e ascendente perto da linha do equador que produz chuvas abundantes.
- Ciclones tropicais são formados sobre os oceanos quentes e liberam grandes quantidades de chuva e vento, o que pode ser prejudicial para as zonas costeiras.
- Em torno de 30° norte e 30° sul existem grandes zonas de ar descendente que são límpidas e secas; nessas áreas, está a maior parte dos grandes desertos.
- Na superfície, em latitudes médias, destacam-se os sistemas ciclônicos e anticiclônicos que se movem para o leste e provocam condições climáticas altamente variáveis.
- O interior continental tem climas diferentes do de áreas próximas dos oceanos. A circulação oceânica, que transporta energia térmica, influencia no clima das margens continentais.
- Os climas polares tendem a ser frios e secos, e estão associados ao ar descendente e céus limpos, mas podem ser muito ventosos.
- A topografia desempenha papel importante em um clima regional; as áreas montanhosas costumam ser mais ventosas e podem receber mais precipitação. No entanto, o lado a favor do vento das áreas montanhosas pode ser muito mais seco do que o que fica contra o vento.
- As brisas marítimas e lacustres influenciam o clima de áreas próximas de massas de água.
- Ambientes urbanos tendem a ser mais quentes do que ambientes rurais por causa dos materiais de construção que

absorvem a energia solar, da poluição do ar que retém mais calor, do calor que escapa dos edifícios aquecidos pelos seres humanos e da redução da evaporação.

Leituras adicionais

CAO, C. et al. Urban Heat Islands in China Enhanced by Haze Pollution, *Nature Communications*, n.7, art.12.509, 2016.

Artigo complementar para o Quadro 3.4. Fornece mais informações sobre as evidências dos efeitos da neblina no aquecimento urbano.

HOLDEN, J. (Ed.). *An Introduction to Physical Geography and the Environment*. 4.ed. Harlow: Pearson Education, 2017.

Leia, principalmente, os seguintes os textos que descrevem com mais detalhes alguns temas deste capítulo: "Atmospheric Processes" (p.137-74), "Global climate and weather" (p.195-228) e "Regional and Local Climates" (p.229-50).

PINET, P. R. *Invitation to Oceanography*. 8.ed. Sudbury: Jones and Bartlett Publishers, 2019.

Clássico que destaca os processos oceânicos.

ROHLI, R. V.; VEGA, A. J. *Climatology*. 4.ed. Burlington: Jones and Bartlett Publishers, 2017.

Livro é composto de imagens coloridas, além de contar com um *site* complementar.

SAUNDERS, R. The Use of Satellite Data in Numerical Weather Prediction, *Weather*, Reading, v.76: p.95-97, 2021.

Este breve artigo fornece uma revisão útil e sucinta dos tipos de satélites (incluindo um breve histórico), suas órbitas, tipos de medições fornecidas e como os dados coletados são usados na previsão do tempo.

4
Mudança climática e ciclo do carbono

Ciclo do carbono

O carbono é um elemento presente em forma sólida no ar e nas rochas, em forma dissolvida nas águas doces e oceânicas, e está presente em toda a matéria viva. É o quarto elemento mais comum no universo e é essencial para a vida. Embora represente apenas cerca de 0,025% da crosta terrestre, forma mais **compostos** do que todos os outros elementos combinados, ou seja, em geral, ele se combina com outros elementos formando substâncias diferentes. O carbono move-se pela Terra de diversas formas e por meio de uma série de processos, que compõem o ciclo do carbono (Figura 4.1). O carbono do nosso corpo foi reciclado bilhões de vezes, tendo sido partes de muitos outros organismos, rochas, atmosfera e corpos d'água. Há dois tipos de carbono: o carbono orgânico e o carbono inorgânico. O primeiro é encontrado em compostos criados *apenas* por seres vivos (incluem açúcares, carboidratos e DNA), enquanto o carbono inorgânico é formado a partir de materiais não vivos (como minerais). Contudo, esses termos podem criar confusão, pois o dióxido de carbono, por exemplo, é emitido pelos seres vivos, mas é classificado como carbono inorgânico porque também é produzido por outros mecanismos não vivos, não apenas pelos seres vivos.

A quantidade total de carbono no planeta permanece a mesma ao longo do tempo, o que varia é sua forma. Seu ciclo natural envolve a transferência de carbono da atmosfera para a terra e o oceano, onde permanece em forma de matéria viva, rocha, solo ou compostos dissolvidos, antes de finalmente retornar à atmosfera. O ciclo opera em escalas de tempo longas (milhões de anos) ou curtas (horas/dias), e apesar de o tempo de armazenamento do carbono variar bastante em determinados locais, em média, um átomo de carbono permanece na atmosfera durante cinco anos e, nos oceanos, durante quatrocentos anos.

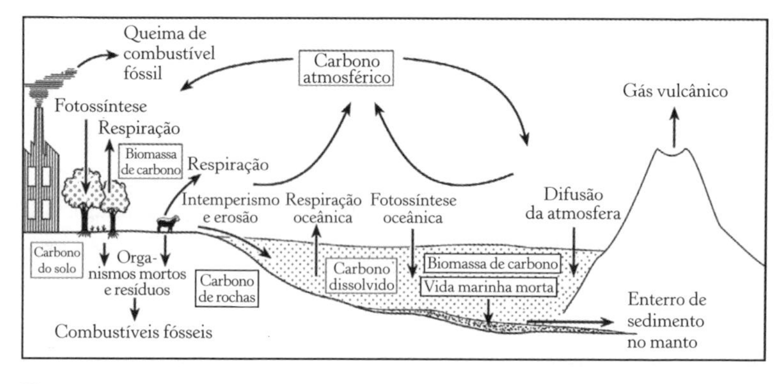

Figura 4.1 – Principais componentes do ciclo global de carbono.

Um dos principais mecanismos para a transferência de carbono para a atmosfera se dá pela fotossíntese, por meio da qual a energia solar permite que as plantas terrestres ou próximas à superfície dos oceanos (como as algas microscópicas) transformem o dióxido de carbono em carbono e oxigênio. O carbono ajuda a formar a estrutura do material vegetal enquanto o oxigênio é imediatamente liberado na atmosfera. A maior parte da matéria biológica seca, quando seus componentes são pesados, contém cerca de 40% a 60% de carbono. O carbono é transferido para organismos de nível superior quando os animais se alimentam das plantas, e a respiração usa oxigênio na decomposição de matéria orgânica em dióxido de carbono e água. Ao contrário da fotossíntese, que ocorre apenas

nas plantas, a respiração é realizada por plantas e animais. Para os animais, a respiração decompõe os alimentos em oxigênio, liberando a energia armazenada pelos alimentos e produzindo dióxido de carbono. A morte de plantas e animais resulta na devolução do carbono ao solo ou ao fundo do mar, mas uma parcela do elemento é rapidamente devolvido à atmosfera (por exemplo, pelo fogo) ou decomposto por bactérias, que formam o dióxido de carbono, enquanto outra parte é armazenada no solo ou nos sedimentos oceânicos por períodos mais longos. Outro importante mecanismo de transferência de dióxido de carbono ocorre entre os corpos d'água e a atmosfera quando há diferença de concentração entre os dois. Se a concentração de dióxido de carbono dissolvido em um corpo d'água for menor do que na atmosfera, então haverá diferença de **pressão parcial** desse gás, ou seja, o dióxido de carbono se difundirá lentamente no corpo d'água. Caso a situação se inverta, o gás carbônico será liberado do corpo hídrico para a atmosfera (pense no processo ao abrir uma lata de refrigerante).

A temperatura é um fator importante que influencia o ciclo do carbono, a pressão parcial de um corpo d'água, as taxas de absorção e liberação de carbono dos corpos d'água e a absorção de carbono pelas plantas. As taxas de crescimento e de decaimento são muito mais rápidas em ambientes tropicais, e mais lentas em ambientes frios. Nos oceanos, a atividade fotossintética ocorre principalmente nos 50 metros superiores, mas varia bastante dependendo da temperatura e da quantidade de nutrientes disponíveis na água. Os resíduos de plantas e animais mortos que caem nos oceanos em direção ao fundo podem ser parcialmente dissolvidos na água do mar, enquanto parte do carbono pode permanecer armazenado durante milhares, ou mesmo milhões, de anos no assoalho oceânico. Contudo, as correntes oceânicas profundas podem agitar os sedimentos e fazer emergir parte do carbono de volta à superfície para, mais tarde, ser emitido para a atmosfera. Os oceanos armazenam atualmente cerca de 60 vezes mais carbono do que na atmosfera, e 20 vezes mais do que nos ecossistemas e solos terrestres.

Ao longo de milhões de anos, a intemperização das rochas (ver Capítulo 2) acrescenta carbono inorgânico à água dos rios que flui para os oceanos. O carbono orgânico também pode ser transportado pela erosão hídrica e eólica, e pode ser dissolvido pela água da chuva e lavado das plantas e do solo para os cursos d'água. Uma vez no oceano, ele pode ser extraído pelos animais marinhos para que construam conchas e ossos e, quando morrem, o carbono dos sedimentos pode se deslocar para o assoalho oceânico. Uma parte do elemento retorna à superfície do oceano por correntes profundas de ressurgência, mas outra parte acaba se acumulando em um depósito profundo. O movimento lento das placas tectônicas arrasta o assoalho oceânico para baixo dos continentes (ver Capítulo 2), fazendo que os sedimentos sejam aquecidos, derretidos e liberados de volta para a atmosfera (por exemplo, grandes quantidades de carbono podem ser liberadas durante erupções vulcânicas). Além disso, o carbono pode ficar preso na superfície terrestre durante muito tempo, até que animais e plantas morram e o carbono volte a penetrar no solo. Por exemplo, grandes reservas de carbono podem acumular-se em turfeiras, onde o ambiente saturado reduz a taxa de decomposição das plantas e, portanto, formam depósitos orgânicos espessos. Por longos períodos, esse depósito pode ficar enterrado e comprimido, formando carvão ou petróleo. Então, a extração humana desse carbono fóssil, usado como combustível, libera o carbono de volta para a atmosfera quando queimado.

Durante a combustão do combustível fóssil, cada átomo de carbono é combinado com dois átomos de oxigênio para criar o dióxido de carbono. Um átomo de carbono tem peso atômico 12, enquanto uma molécula de dióxido de carbono tem peso atômico de 44, 3,67 vezes o peso do carbono. Com frequência, são observados valores relatados de: (1) liberação de carbono; (2) liberação de dióxido de carbono (3,67 vezes a massa de carbono liberada); e (3) equivalentes de dióxido de carbono (CO_2-eq). O CO_2-eq serve de parâmetro quando se discute o potencial de aquecimento global de diferentes gases de efeito estufa (ver Capítulo 3), o que facilita a comparação do potencial de aquecimento global do equivalente de dióxido de carbono em relação ao potencial de certa quantia de outro gás. Por exemplo, o metano é 28 vezes mais potente em um período de cem anos do que a mesma quantidade de dióxido de carbono. Os gases de efeito estufa que não incluem carbono também podem ser avaliados na mesma escala de potencial de aquecimento global. O óxido nitroso, por exemplo, é 265 vezes mais poderoso que o dióxido de carbono em um limite de tempo de cem anos.

Atualmente, o desmatamento nos trópicos libera 1,5 gigatonelada (igual a 1,5 bilhão de toneladas) de carbono por ano, e a queima de combustíveis fósseis emite, aproximadamente, 10 gigatoneladas de carbono por ano. Contudo, o carbono atmosférico tem aumentado em um ritmo menor, cerca de 4 gigatoneladas por ano. Cerca de um terço do carbono adicional é absorvido por plantas terrestres, que se desenvolvem mais rapidamente por causa das maiores concentrações de dióxido de carbono, enquanto outro terço é absorvido pelos oceanos. No entanto, os sumidouros adicionais de carbono – áreas em que a quantidade de absorção de carbono é maior do que a emissão – não conseguem absorver uma proporção tão elevada do carbono liberado na atmosfera pelos seres humanos por muito mais tempo. Provavelmente, há uma quantidade máxima de carbono adicional que os oceanos e a vegetação podem absorver e, uma vez esgotada essa reserva, o carbono atmosférico aumentará ainda mais. Além disso, a absorção do excesso de carbono provoca a acidificação dos oceanos, tornando as conchas dos moluscos e os corais mais solúveis e, portanto, danificando os ecossistemas. É preocupante que pesquisas recentes indiquem que o Oceano Ártico, antes considerado o sumidouro de carbono mais importante, pode perder rapidamente a capacidade de absorção à medida que o gelo marinho recua, o que pode ser explicado pelo influxo de água doce para o sistema (Woosley; Millero, 2020). A floresta amazônica também pode estar perdendo potência na absorção do excesso de carbono, segundo evidências apresentadas no Quadro 4.1.

QUADRO 4.1 – DIMINUIÇÃO DO SUMIDOURO DE CARBONO DA FLORESTA TROPICAL

Entre 1990 e 2000, as florestas tropicais absorveram cerca de metade do carbono localizado na superfície terrestre e removeram em torno de 15% das emissões de dióxido de carbono produzidas por atividade humana. Anteriormente, diversos modelos de vegetação indicavam que esse processo continuaria por muito tempo, ou seja, florestas tropicais, como a Amazônia, permaneceriam reduzindo os impactos das emissões de combustíveis fósseis, mas, apesar de a quantidade de árvore dessas florestas estar aumentando, isso vem acompanhado da elevação das temperaturas e das concentrações atmosféricas de dióxido de carbono. Um estudo realizado por Hubau et al. (2020), baseado em dados coletados durante um longo período na África tropical e na Amazônia, comprovou que, embora em ambas as áreas seja detectado o crescimento das árvores, elas têm se tornado sumidouros de carbono menos eficientes. O declínio no desempenho é explicado pelo aumento da taxa de mortalidade das árvores: as plantas crescem mais rapidamente – resultando em um período de maior absorção de carbono –, mas também morrem antes, de modo que, após um intervalo de grande captação de carbono, a taxa líquida de absorção diminui. Os dados são preocupantes: até 2030, o reservatório de carbono das florestas tropicais africanas deve diminuir 14% em relação à média entre 2010 e 2015. A tendência é que o sumidouro amazônico continuará a diminuir rapidamente, zerando sua capacidade de absorção em 2035. Com o desaparecimento desse importante sumidouro, a taxa de carbono atmosférico deve aumentar em ritmo ainda mais acelerado.

É um desafio determinar a natureza exata de todas as retroalimentações do sistema climático da Terra e do ciclo do carbono. A fotossíntese, por exemplo, é mais eficiente quando há concentrações crescentes de dióxido de carbono na atmosfera, estimulando o crescimento das plantas, mas isso também acarreta um processo de *feedback* negativo, com mais absorção de dióxido de carbono. Temperaturas mais altas podem influenciar positivamente a estação de plantio em alguns locais. Oceanos absorvem mais dióxido de carbono quando há mais gases disponíveis na atmosfera, entretanto, o dióxido de carbono é menos solúvel em águas quentes e, portanto, oceanos mais quentes são menos eficazes em absorvê-lo menos. Além disso, o aquecimento também pode aumentar a respiração do solo, a ocorrência de secas e a extinção das florestas, liberando mais carbono para a atmosfera. Para compreender os vários *feedbacks* e o equilíbrio de carbono, pesquisadores usam várias técnicas para monitorar as concentrações atmosféricas de dióxido de carbono em diferentes regiões: boias oceânicas e embarcações, para determinar as concentrações de dióxido de carbono na superfície dos oceanos; medição de fluxos de carbono entre a terra e a atmosfera, ou corpos d'água e atmosfera; torres automatizadas para realizar medições por covariância de vórtices turbulentos; ou pequenas câmaras de coleta manual de amostras. Os pesquisadores também realizam experimentos em câmaras de ar enriquecido com dióxido de carbono para analisar o comportamento de plantas e solos, e conduzem estudos sobre o aquecimento. No entanto, ainda há grandes desafios para integrar todos esses dados, e faltam informações sobre o comportamento do fluxo de carbono em boa parte do sistema terrestre. É, portanto, crucial investir em pesquisas e elaboração de modelos para elucidar as interações entre as mudanças no ciclo do carbono e o sistema climático terrestre.

Mudanças climáticas

Mudança climática de longo prazo

A Terra sofreu mudanças climáticas – em geral, muito lentamente – ao longo de seus 4,6 bilhões de anos. É interessante notar que, apesar do aquecimento global que vem ocorrendo, atualmente estamos em uma era glacial, evidenciada pela existência de grandes geleiras e mantos de gelo que cobrem partes do planeta. Essas camadas de gelo, presentes há 2,4 milhões de anos – período conhecido como **Quaternário** – passaram por ciclos de expansão e retração. Antes do Quartenário, registram-se quatro outros períodos glaciais, que duraram entre 30 e 300 milhões de anos e foram separados por longos períodos quentes de duração de centenas de milhões de anos. Logo antes do atual período, por exemplo, durante cerca de 280 milhões de anos, a Terra era muito mais quente e não havia mantos de gelo. Embora a atual era glacial quaternária pareça muito longa, na verdade ela é curta em comparação com a escala de tempo da existência da Terra. Compreender as mudanças climáticas fornece informações úteis para a compreensão do atual quadro do clima e das paisagens, e do que poderá acontecer no futuro próximo e de longo prazo.

Há indícios de que o início do período Quaternário está relacionado ao movimento das placas tectônicas (ver Capítulo 2), que, posicionando a Antártida sobre o Polo Sul, criou condições favoráveis para o esfriamento de grande massa de terra e, consequentemente, a formação de uma camada de gelo que esfriou ainda mais o clima, tornando-se um grande corpo reflexivo da energia solar (com maior **albedo**). Os continentes localizados no hemisfério Norte foram agrupados em torno do Oceano Ártico, e os sistemas de circulação oceânica foram fixados em novas posições. Essas configurações continentais e oceânicas permitiram que outros fatores determinantes do clima se tornassem importantes.

Durante o Quaternário, o clima esfriou e aqueceu muitas vezes, provocando grandes avanços e recuos das camadas de gelo. Esses movimentos moldaram a superfície terrestre, esculpindo rochas, depositando sedimentos, formando relevos, portanto, apagando evidências climáticas do passado. À medida que camadas de gelo crescem, o nível do mar diminui porque a água é retirada dos oceanos e retida na terra. O último grande avanço do gelo atingiu seu pico há cerca de 18 mil anos (o nível do mar ficou cerca de 120 metros mais baixo do que o atual). Há apenas 9 mil anos, milhares de anos depois do recuo do gelo, era possível ir da Grã-Bretanha ao continente europeu caminhando pela terra, pois o sul do Mar do Norte (Doggerland) e o Canal da Mancha estavam secos por causa dos baixos níveis do mar.

Os períodos frios em que o gelo avança são conhecidos como **glaciais** e os mais quentes são conhecidos como **interglaciais**. Os últimos 11.700 anos, período interglacial que faz parte do Quaternário e é conhecido como **Holoceno**, foram relativamente quentes. Vários dos processos propostos para explicar as mudanças climáticas naturais do Quaternário envolvem mecanismos de *feedback* internos do sistema climático. No entanto, as explicações relacionadas às mudanças do fluxo de radiação solar – conhecidas como forçante orbital ou teoria de Milankovitch (nome dado em homenagem ao matemático do início do século XX que examinou a órbita da Terra em torno do Sol) – explicam apenas parcialmente os ciclos glaciais do Quaternário.

A teoria de Milankovitch baseia-se na ideia de que a quantidade de energia solar que atinge diferentes partes do planeta varia, de forma regular e previsível ao longo do tempo, por causa de três fatores (Figura 4.2). Primeiro, o trajeto da órbita da Terra ao redor do Sol (excentricidade) varia em ciclos que duram cerca de 100 mil anos, alternando entre uma forma mais circular e mais elíptica. O efeito de excentricidade intensifica as estações de um hemisfério, enquanto as estações do outro são moderadas. O segundo fator trata-se da atual inclinação do eixo da Terra (23,5°) em torno do qual o planeta gira; a inclinação varia de 21,8° a 24,4° ao longo de um ciclo que dura 41 mil anos. Quanto maior a inclinação, mais intensas se tornam as estações em ambos os hemisférios; os verões ficam mais quentes e os invernos mais frios. Terceiro fator: a oscilação da Terra em seu eixo de rotação, causada pela força gravitacional do Sol e da Lua, ocorre lentamente ao longo de dois ciclos, de 19 mil e 23 mil anos. A oscilação determina em que ponto da órbita as estações ocorrem e, mais importante, a estação em que a Terra está mais próxima do Sol. Atualmente, o momento em que o planeta fica mais distante do Sol ocorre durante o inverno do hemisfério Sul. Portanto, os invernos do hemisfério Sul são ligeiramente mais frios do que os invernos do hemisfério Norte, enquanto os verões do hemisfério Sul são um pouco mais quentes.

Evidências científicas coletadas de sedimentos marinhos, entre outras fontes, mostram que a escala de tempo e a frequência de avanço e recuo das camadas de gelo correspondem aos ciclos de energia solar previstos pela teoria astronômica de Milankovitch. Por exemplo, ocorreram oito grandes acúmulos glaciais ao longo dos últimos 800 mil anos, em um ciclo de aproximadamente 100 mil anos, cada um coincidindo com a excentricidade mínima (Figura 4.3). Pequenas diminuições ou aumentos no volume de gelo ocorreram em intervalos de aproximadamente 23 mil e 41 mil anos, de acordo com a frequência de outros dois mecanismos orbitais.

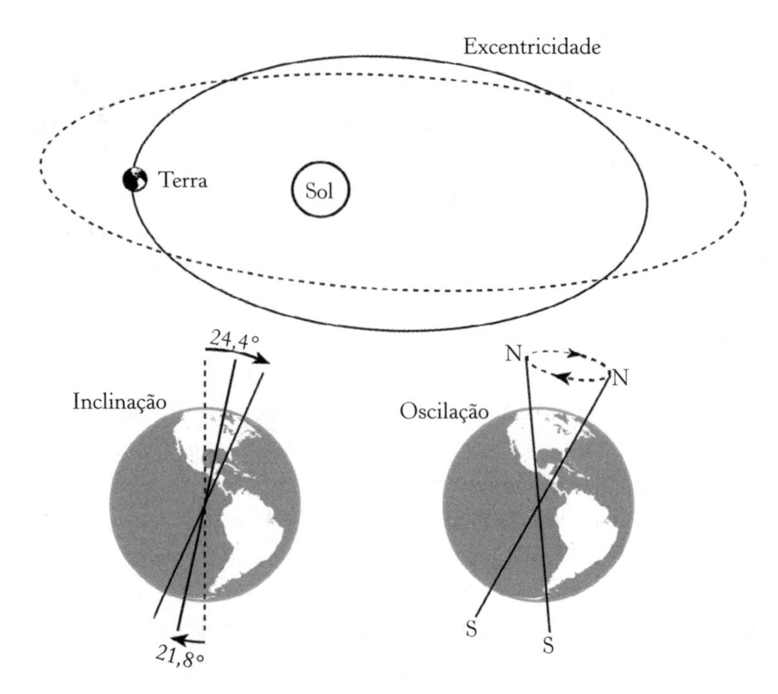

Figura 4.2 – Os três mecanismos cíclicos, cujas mudanças relacionadas à órbita da Terra ao redor do Sol ocorrem lentamente, impactam a energia solar que atinge a superfície do planeta.

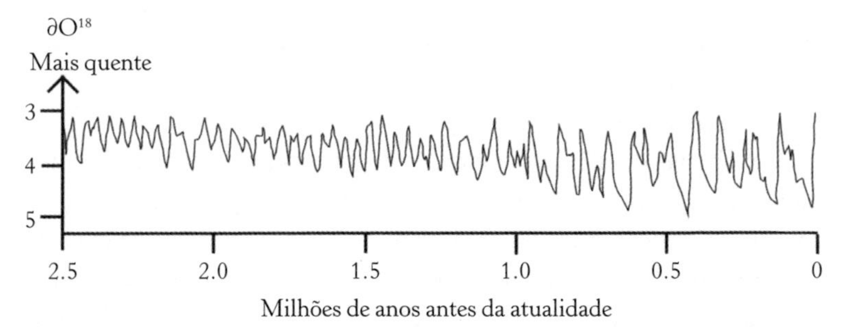

Figura 4.3 – Gráfico dos recordes de temperatura dos últimos 2,5 milhões de anos, reconstruído com base em registros de isótopos de oxigênio em sedimentos marinhos. O registro isotópico indica quanta água doce foi retida como gelo. Os isótopos de oxigênio mais leves na água são prioritariamente evaporados dos oceanos; se isótopos proporcionalmente menos leves retornam ao oceano como chuvas ou fluxo de rios, então essa água é armazenada em massas de gelo.

Embora a forçante orbital explique a ocorrência dos períodos frios e quentes, ela não é suficiente para esclarecer a magnitude das mudanças de temperatura. Na verdade, há uma diferença de 4 °C a 6 °C entre o que deveria ter ocorrido, em teoria, por causa das mudanças na recepção de energia solar e nas condições mais frias que se manifestaram durante os ciclos quaternários. Apesar de ciclos orbitais preverem, matematicamente, aumento e queda suaves da temperatura, evidências geológicas de formação e recuo do gelo revelam um padrão dente de serra (Figura 4.3). Ao longo de dezenas de milhares de anos, formaram-se lentamente camadas de gelo de vários quilômetros de espessura, erodindo tanto a paisagem do extremo sul da Europa Central quanto a do Centro-Oeste dos Estados Unidos. No entanto, cada ciclo glacial terminou abruptamente, com camadas de gelo sendo derretidas ao longo de milhares de anos até voltarem aos padrões atuais. A forçante orbital tem influenciado as alterações climáticas no Quaternário, mas outros *feedbacks* também contribuem para explicar a queda de temperatura e o padrão gráfico de dente de serra. É importante entender esses feedbacks para compreender as alterações climáticas atuais e futuras.

Um *feedback* climático positivo é derivado do albedo, à medida que a irradiação solar aumenta com a expansão das camadas de gelo, forçando ainda mais a queda das temperaturas e, assim, impulsionando a formação de gelo. A queda do nível do mar, causada pela retenção das águas em forma de gelo, também intensifica esse processo, uma vez que as camadas de gelo acabam se estendendo sobre terras expostas e, portanto, aumentando o albedo. Mesmo assim, esses ciclos de *feedback* positivo ainda não são suficientes para explicar a magnitude das mudanças térmicas observadas.

Os núcleos de gelo de mantos da Groenlândia e da Antártida contêm bolhas de gás, que retiveram o ar do momento em que a neve, que mais tarde formou o gelo, caiu. Dados colhidos dessas bolhas indicam que as concentrações de dióxido de carbono na atmosfera eram maiores durante os períodos interglaciais e menores nos glaciais. Sendo um gás do efeito estufa, alterações em suas taxas de concentração na atmosfera devem ter afetado significativamente a temperatura do planeta. O que poderá ter causado alterações nas concentrações atmosféricas de dióxido de carbono durante os períodos glaciares e interglaciais do Quaternário? Uma das principais teorias aponta para mudanças no sistema de circulação termohalina em águas oceânicas profundas (ver Capítulo 3), que é impulsionado por gradientes de temperatura e concentração de sal e atua como uma corrente forte e profunda que bombeia dióxido de carbono e nutrientes da superfície dos oceanos para as águas mais profundas, devolvendo-os novamente à superfície depois. Existem zonas sensíveis onde essas correntes descendem e ascendem no oceano. Se a circulação termohalina agisse como atualmente, então o dióxido de carbono no assoalho oceânico seria agitado e levado de volta à superfície. No entanto, as reservas profundas de carbono não retornariam à superfície tão rapidamente se a circulação termohalina fosse menor, e, portanto, a superfície dos oceanos ficaria sem dióxido de carbono e menos gás carbônico seria devolvido à atmosfera. Em geral, esse processo diminuiria as concentrações atmosféricas de dióxido de carbono à medida que plantas oceânicas fizessem fotossíntese, e afetaria as taxas de transferência de energia entre a linha do equador e os polos.

Há evidências de que o sistema de circulação termohalina fica mais lento durante os períodos glaciais: o vento aumenta a evaporação do oceano, o que torna a água mais salina e densa e, por isso, ela afunda. Além disso, a presença de camadas de gelo, com quilômetros de espessura, alteram tanto as correntes de ar em torno das camadas quanto modificam os padrões de vento de importantes áreas oceânicas. A menor evaporação em áreas sensíveis na formação de águas profundas no Atlântico Norte pode abrandar a taxa de ressurgência ou interrompê-la, reduzindo a velocidade de todo o sistema de circulação oceânica. Com isso, o retorno do dióxido de carbono das profundezas para a atmosfera também diminui, uma vez que a ressurgência que ocorre em outras áreas é reduzida. Apesar de essa teoria não ser totalmente aceita, ela fornece uma linha de pensamento importante. Acredita-se que o Atlântico Norte seja uma das regiões sensíveis do sistema climático da Terra, e que qualquer alteração em sua dinâmica pode ter impactos globais. Com o aumento da energia solar e o aquecimento do planeta conforme saímos de um período glacial, os *feedbacks* positivos podem resultar no rápido aquecimento indicado pelo padrão dente de serra (Figura 4.3), o que pode estar relacionado à diminuição do albedo, à medida que o gelo recua, e à ativação repentina do sistema de circulação termohalina.

No Quaternário, houve tanto ciclos longos quanto ciclos mais curtos, alguns com duração de apenas algumas décadas. Curiosamente, as mudanças abruptas parecem ter ocorrido durante períodos glaciais, e não interglaciais, provavelmente por causa das interações entre a dinâmica do manto de gelo, a circulação oceânica e a produtividade biológica. Até o momento, há poucas evidências de ter havido rápidas mudanças climáticas durante os períodos interglaciais. Portanto, uma vez que estamos num período interglacial, as mudanças climáticas aceleradas que têm ocorrido são altamente incomuns.

Mudança climática contemporânea

Diversos pesquisadores defendem que a atividade humana interferiu de tal modo no meio ambiente que agora vivemos em um sistema clima-ambiente dominado pelos seres humanos: o Antropoceno (ver Capítulo 1). Embora essa nova era geológica ainda não tenha sido oficialmente ratificada por agências internacionais, é evidente a influência humana no clima. Ao longo do século XX, os glaciares e as calotas polares diminuíram, a cobertura de neve reduziu e o nível do mar aumentou cerca de 20 centímetros (Figura 4.4b). A temperatura média global da superfície terrestre e oceânica aumentou cerca de 0,85 °C desde 1880 (Figura 4.4a). As concentrações de gases de efeito estufa na atmosfera, como o dióxido de carbono e o metano, são maiores do que em qualquer outro momento, pelo menos nos últimos 800 mil anos, e suas concentrações aumentaram acentuadamente nas últimas décadas (Figura 4.4c). As concentrações médias globais de dióxido de carbono atmosférico em 2021 eram de cerca de 415 partes por milhão, em comparação com apenas 280 partes por milhão antes da Revolução Industrial, e cerca de 340 partes por milhão em 1980.

O Painel Intergovernamental sobre Mudanças Climáticas (IPCC), principal organização de recentes análises sobre as mudanças climáticas contemporâneas, apresentou uma síntese de seus últimos relatórios (AR6) em meados de 2022, mas no relatório de 2014 (AR5) já afirmava: "a influência humana no sistema climático é evidente, e emissões antropogênicas de gases de efeito estufa são as mais elevadas da história. As recentes mudanças climáticas tiveram impactos generalizados nos sistemas humano e ecológico". Também foi observado que "o aquecimento do sistema climático é inequívoco e, desde a década de 1950, muitas das alterações observadas não têm precedentes ao longo de décadas, ou até de milênios" (IPCC, 2014).

O recente aumento da temperatura é um fenômeno global, porém é mais acentuado em altas latitudes do hemisfério Norte. No Ártico, nos últimos cem anos a temperatura aumentou duas vezes mais do que a média global, a extensão da neve primaveril do hemisfério Norte vem diminuindo desde a década de 1990 e a cobertura média de gelo marinho no Ártico reduziu cerca de 4% por década desde 1979. Também foram observadas diversas outras mudanças climáticas de longo prazo. Por exemplo, em latitudes médias setentrionais, a precipitação anual aumentou desde 1901 (os dados coletados são de alto grau de confiabilidade desde 1951), assim como o número de eventos de precipitação intensa (Figura 4.5). Desde cerca de 1950 têm sido observadas alterações em muitos fenômenos meteorológicos e climáticos extremos. O IPCC indica a *possibilidade* de ter aumentado a frequência das ondas de calor em grandes partes da Europa, Ásia e Austrália, e que a atividade humana tenha mais do que duplicado a probabilidade de ocorrência de ondas de calor em certas regiões. É *muito provável* que a influência humana tenha contribuído para as mudanças observadas em escala global na frequência e intensidade dos extremos diários de temperatura desde meados do século XX. Os 75 metros superiores das águas oceânicas aqueceram 0,11 °C por década desde 1971, com o aquecimento das camadas mais profundas medido desde a década de 1990.

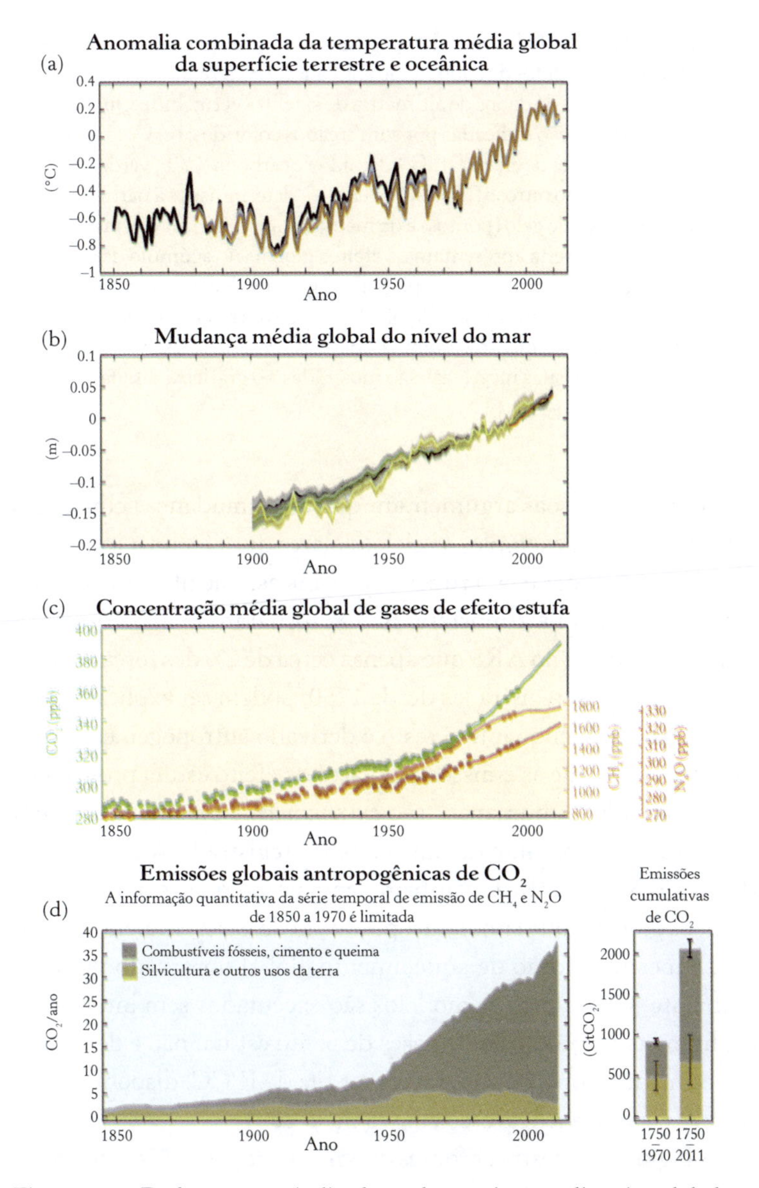

Figura 4.4 – Dados e outros indicadores de um sistema climático global em mudança. Observações: (a) Anomalias combinadas de temperatura média anual e global da superfície terrestre e oceânica em relação à média durante o período de 1986 a 2005. As cores indicam diferentes bases de dados; (b) Alteração média anual e global do nível do mar em relação à média durante o período de 1986 a

2005 no conjunto de dados mais antigo. As cores indicam diferentes bases de dados. Todos os conjuntos de dados estão alinhados para terem o mesmo valor em 1993, o primeiro ano de dados de altimetria de satélite (vermelho). Quando avaliadas, as incertezas são indicadas por sombreados coloridos; (c) Concentrações atmosféricas dos gases de efeito estufa – dióxido de carbono (CO_2, verde), metano (CH_4, laranja) e óxido nitroso (N_2O, vermelho) –, determinadas a partir de dados coletados de núcleo de gelo (pontos) e de medições atmosféricas diretas (linhas). Os indicadores à direita apresentam os efeitos globais do acúmulo de emissões de CH_4 e N_2O; (d) Emissões antropogênicas globais de CO_2 provenientes da silvicultura e de outras utilizações do solo, bem como da queima de combustíveis fósseis, produção de cimento e queima de gases. As emissões cumulativas de CO_2 dessas fontes e suas incertezas são mostradas no gráfico à direita.
Fonte: IPCC, 2014, Figura SPM.1.

Algumas pessoas argumentam que essas mudanças climáticas são naturais, por exemplo, os ciclos solares que afetam a irradiação da Terra. Além disso, as erupções vulcânicas, que liberam gases de efeito estufa para a atmosfera, não se tornaram mais frequentes. O IPCC estimou no AR5 que apenas cerca de 2% das forças climáticas radioativas, registradas desde 1750, podem ser explicadas por causas naturais, enquanto o resto é derivado antropogenicamente. Foi observado que as emissões de gases de efeito estufa provenientes das atividades humanas "são *extremamente prováveis* de terem sido a causa dominante do aquecimento registrado desde meados do século XX". O IPCC também demonstrou que os modelos climáticos globais, que simulam a produção de gases de efeito estufa, têm o mesmo padrão de aquecimento global observado no meio ambiente. Quando esses modelos são executados sem interferência humana na produção de gases de efeito estufa, não é detectado aquecimento global considerável (ver *site* do IPCC, disponível em: http://www.ipcc.ch; acesso em: 25 maio 2024).

A Figura 4.6 mostra as fontes de emissão de gases de efeito estufa que mais impactam nas mudanças climáticas. A geração de energia para eletricidade, aquecimento e meios de transportes representam quase três quartos da emissão total. A agricultura e a utilização dos solos também têm papel de destaque, representando 18%.

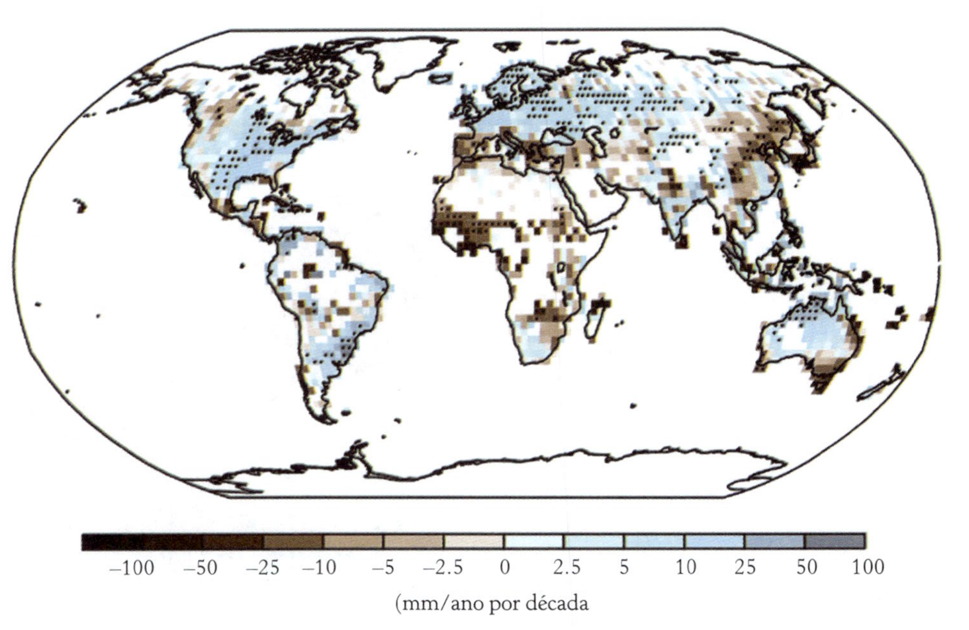

Figura 4.5 – Mapa da mudança de precipitação observada entre 1951 e 2010. As tendências foram calculadas onde a disponibilidade de dados possibilitou uma estimativa confiável (ou seja, apenas para grade de células com mais de 70% de registros completos e mais de 20% de disponibilidade de dados nos primeiros e últimos 10% do período), outras áreas estão em branco. As grades de células onde a tendência é significativa, ao nível de 10%, são indicadas por pontos.

Fonte: IPCC, 2014, Figura 1.1.

É significativa a quantidade de metano liberado pela rizicultura e pecuária, assim como de óxido nitroso emitida após a aplicação de fertilizantes nitrogenados no solo. A produção de cimento é, só ela, responsável por 3% das emissões globais de dióxido de carbono. Os seres humanos também emitem gases e fumaça a partir de processos industriais e uso de meios de transporte. Os aerossóis protegem parcialmente o planeta da energia solar, espalhando-a e refletindo-a. No entanto, nem todos os aerossóis se comportam da mesma forma, os provenientes da queima vegetal, o "carbono negro" e as "nuvens castanhas", liberados por algumas fontes industriais ou urbanas, podem ter o efeito oposto. Os primeiros aquecem por causa da absorção da radiação solar, enquanto os demais resfriam devido à reflexão da radiação solar de volta ao espaço.

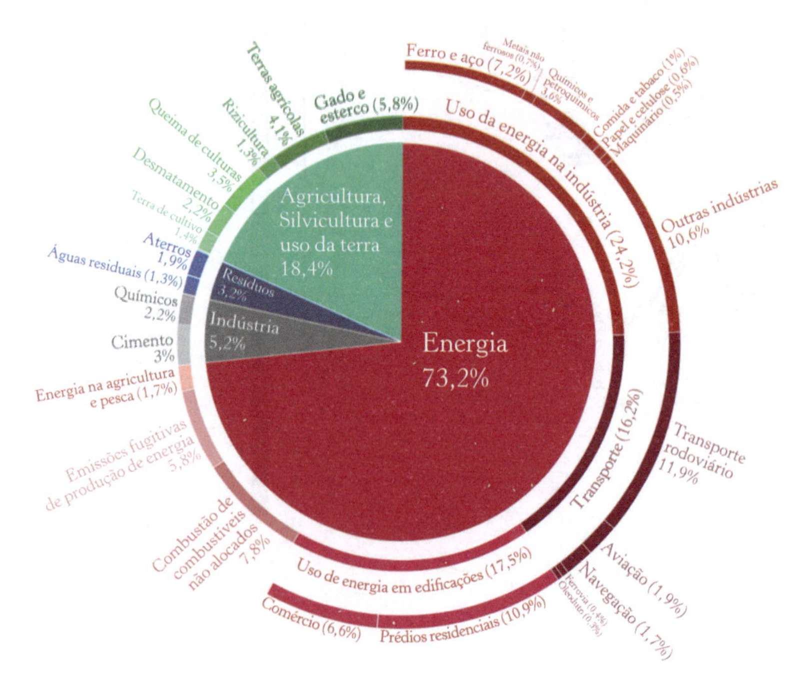

Figura 4.6 – Proporção de emissões globais de gás de efeito estufa por setor, utilizando CO_2-eq.
Fonte: Ritchie, 2020.

Previsões de mudança climática

Prever o comportamento do clima é bastante importante, pois essa investigação fornece informações para a elaboração de planos e políticas mais eficientes. É inquestionável que a emissão contínua de gases de efeito estufa aquece cada vez mais o planeta e altera significativamente todos os componentes do sistema climático, aumentando a probabilidade de impactos graves e irreversíveis para os seres humanos e os ecossistemas.

Para ilustrar futuras trajetórias climáticas, o IPCC projeta Caminhos de Concentração Representativos (RCP) baseados no tamanho populacional, na atividade econômica, no estilo de vida, no consumo de energia, no uso da terra, na tecnologia e na política climática, mas a temperatura da superfície é projetada para aumentar ao longo do século XXI em todos os cenários de emissões de gases de efeito estufa. Os RCP incluem um cenário de mitigação rigoroso (RCP2.6), dois cenários intermediários (RCP4.5 e RCP6.0) e outro com emissões muito elevadas de gases de efeito estufa (RCP8.5). O RCP2.6 representa um cenário cujo aquecimento global não ultrapassa em 2 °C as temperaturas pré-industriais.

O futuro climático depende das emissões passadas, que influenciam o aquecimento atual, bem como das futuras emissões antropogênicas e da variabilidade climática natural. O relatório do IPCC sobre os impactos do aquecimento de 1,5 °C, publicado em 2018, previu que o aquecimento global *provavelmente* atingirá 1,5 °C entre 2030 e 2052 se continuar a aumentar no ritmo atual. O IPCC sugere que é "virtualmente certo" que haverá picos mais frequentes de alta temperatura e menos picos de frio na maioria das áreas terrestres, em medições diárias e sazonais, e é *muito provável* que as ondas de calor ocorram com mais frequência e maior duração. O IPCC também prevê que a mudança média global da temperatura da superfície, entre 2016 e 2035 em relação a 1986-2005, é semelhante para os quatro RCP e *provavelmente* estará na faixa de 0,3 °C a 0,7 °C. Isso pressupõe que não haverá grandes erupções vulcânicas ou mudanças inesperadas na emissão total de radiação solar. Contudo, em meados do século XXI, a magnitude da mudança climática deverá ser substancialmente afetada pelo caminho percorrido em relação ao nível de emissões de gases de efeito estufa. Em comparação com o período 1850-1900, a temperatura global da superfície entre 2081-2100 *provavelmente* excederá 1,5 °C nos RCP4.5, RCP6.0 e RCP8.5. É *provável* que o aquecimento exceda 2 °C nos cenários do RCP6.0 e RCP8.5, e é *mais provável* que o aquecimento exceda 2 °C no RCP4.5, mas é *improvável* que exceda 2 °C no RCP2.6. A região do Ártico deverá continuar a aquecer mais rapidamente do que a média global. As alterações na precipitação serão determinadas pela localização, sendo *provável* que regiões em latitudes elevadas e o Pacífico equatorial registrem um aumento na precipitação média anual. Em muitas áreas secas de latitudes médias e subtropicais, a precipitação média diminuirá, enquanto em regiões úmidas de latitudes médias, a precipitação média aumentará. Eventos de precipitação extrema na maior parte das massas terrestres de latitudes médias e nas regiões tropicais úmidas se tornarão mais intensos e frequentes.

Impactos da mudança climática

Há evidências científicas sólidas dos fortes impactos sofridos pelos sistemas naturais resultantes das mudanças climáticas (Figura 4.7). Por exemplo, alterações nas chuvas, na neve e no gelo estão afetando a hidrologia em algumas regiões; imagens de satélite obtidas entre 1984 e 2018 revelam que, embora 56% dos rios tenham gelo fluvial sazonal, esse volume diminuiu em 2,5% durante o período. Também é possível verificar que algumas espécies (como aranhas, borboletas e gafanhotos) mudaram seu hábitat, padrões de migração e interações por causa das alterações climáticas.

Ampla gama de potenciais impactos causados por mudanças climáticas ainda podem surgir, agravados pela maior presença de populações humanas em zonas suscetíveis a riscos, como inundações,

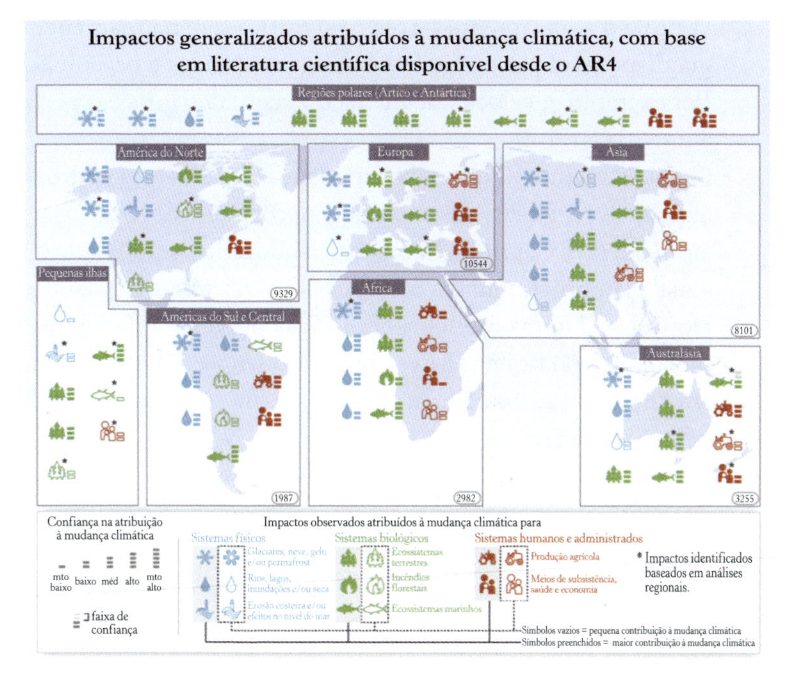

Figura 4.7 – Com base na literatura científica disponível desde o Quarto Relatório de Avaliação do IPCC (AR4), há substancialmente mais impactos atribuídos às mudanças climáticas nas últimas décadas. A atribuição requer evidências científicas definidas sobre o papel das alterações climáticas. A ausência no infográfico de impactos adicionais atribuídos às alterações climáticas não significa que eles não tenham ocorrido. O número de publicações que defendem a ideia dos impactos atribuídos (indicado no canto inferior direito de cada região) reflete uma base de conhecimento em crescimento, mas as pesquisas ainda estão limitadas a algumas regiões, sistemas e processos, destacando lacunas nos dados e estudos. Os símbolos indicam categorias de impactos atribuídos, a contribuição relativa das mudanças climáticas (maior ou menor) para o impacto observado e a confiança na atribuição.

Fonte: IPCC, 2014, Figura SPM.4.

que podem atingir, por exemplo, megacidades como Calcutá, Xangai, Ningbo, Tóquio e Nova York. Exemplos de possíveis impactos climáticos:

- Eventos climáticos podem se tornar mais severos (tempestades, inundações, furacões, ondas de calor, secas etc.), uma vez que o aquecimento terrestre significa que há mais energia disponível para transferências atmosféricas e oceânicas. Por exemplo, a velocidade média do vento dos furacões pode aumentar em 10%.

- O aquecimento pode induzir mudanças súbitas nos padrões climáticos regionais, tais como as monções ou o El Niño Oscilação Sul (ver Capítulo 3), influenciando a disponibilidade de água, plantações, inundações e incêndios florestais nas regiões tropicais. Alguns modelos climáticos preveem que o fenômeno El Niño fique cada vez mais frequente e intenso, talvez até alterando as características da floresta tropical do Brasil pela as da savana.
- A princípio, o derretimento dos glaciares aumentará o risco de inundações e, uma vez esgotados, reduzirá o abastecimento de água. Grandes partes do subcontinente indiano, da China e dos Andes dependem da água proveniente do degelo glacial no verão tanto para irrigação quanto para consumo de sua população. Sem esse abastecimento regular, será necessário encontrar novas formas de captar água para mais de 1 bilhão de pessoas.
- A elevação do nível do mar por causa do derretimento do gelo e da expansão da água provocados pelo aquecimento global poderá fazer centenas de milhões de pessoas sofrerem anualmente com os impactos das inundações (40% da população mundial vivem em um raio de 100 quilômetros da costa e dois terços das maiores cidades do mundo encontram-se nessa região; pequenos Estados insulares, como as Maldivas, são extremamente vulneráveis à erosão costeira e à submersão, e mais de um quinto de Bangladesh poderá ficar submerso até 2100). A elevação do nível do mar continuará por séculos, mesmo se a temperatura média global se estabilizar.
- Algumas regiões frias, como partes do Canadá, Rússia e Escandinávia, poderão aumentar sua produtividade agrícola como resultado do aquecimento, pelo menos a curto prazo, enquanto muitas das principais regiões produtoras de alimen-

tos poderão tornar-se demasiadamente quente e secas para o desenvolvimento de culturas (por exemplo, a Europa Central e Meridional e as grandes planícies da América do Norte). O declínio da produção agrícola, especialmente na África, poderá deixar centenas de milhões de pessoas sem condições para produzir ou comprar alimentos suficientes. Nas regiões de rizicultura, as temperaturas mais altas aumentarão a absorção de arsênico (tóxico) do solo pelas plantas, o que se torna um grande problema para os sistemas alimentares.

- De acordo com o RCP8.5, é *provável* que o Oceano Ártico esteja quase sem gelo no verão antes de 2050, abrindo rotas para o transporte marítimo, mas danificando o ambiente por causa da exploração mineral na região.
- Os incêndios florestais podem aumentar substancialmente. Estima-se que, no oeste dos Estados Unidos, a área afetada por esses eventos aumente entre 200% e 400% a cada grau de aquecimento. Os incêndios florestais têm impactos indiretos na qualidade do ar, que pode chegar a níveis extremamente prejudiciais para a saúde humana, além de acelerar a erosão do solo, o que por sua vez influencia a qualidade da água dos rios e os ecossistemas aquáticos, e também podem desencadear o degelo a longo prazo do permafrost – que contém reservas de carbono – em latitudes elevadas.
- As mortes por subnutrição e o estresse térmico podem aumentar. É provável que doenças se espalhem dos trópicos para as latitudes médias à medida que o clima aquece, e que surtos de pragas fiquem mais potentes, por causa de falhas nos controles biológicos naturais.
- As taxas de extinção de plantas e animais aumentarão, pois muitas espécies não conseguirão migrar com rapidez suficiente para acompanhar as mudanças climáticas. Cenários projetados pelo RCP4.5, e superiores, em paisagens planas até 2100, indicam que a maioria dos pequenos mamíferos e moluscos de água doce não acompanharão essas alterações. Em 2050, até 37% das espécies poderão estar em vias de extinção.

- A acidificação dos oceanos reduzirá ainda mais a capacidade de espécies, como moluscos, crustáceos, cocolitóforos e corais, de obter o carbonato de cálcio necessário para as suas estruturas, afetando toda a **cadeia alimentar**.
- A produção econômica global pode reduzir entre 3% e 10%, afetando os países pobres com mais gravidade.

Mitigação da mudança climática

Os potenciais impactos das mudanças climáticas evidencia, a partir dos exemplos mencionados anteriormente, que devemos reduzir drástica e continuamente as emissões de gases de efeito estufa. Essa ação, combinadas a medidas de adaptação (ver a seguir), pode mitigar os riscos provocados pelas alterações. Diversos países têm se esforçado para alcançar o "zero líquido", quando a quantidade de gases de efeito estufa adicionada à atmosfera é igual à retirada da atmosfera a cada ano. Embora seja um processo muito caro, acredita-se que, mesmo assim, seja mais barato do que se nenhuma ação for tomada, dada a natureza dos impactos relatados.

As emissões de gases de efeito estufa podem ser reduzidas por meio de: melhoria na eficiência do fornecimento global de energia; aumento da eficiência de residências e processos industriais; desenvolvimento de tecnologias para utilizar energias renováveis (solar, eólica e das marés); redução da procura por bens e serviços que emitem muitos gases de efeito estufa na sua produção; evitar desmatamento, drenagem de turfeiras (Quadro 4.2) e outras atividades de gestão de terras que aumentam as emissões; e utilização de técnicas de baixo consumo de carbono para geração e transporte de calor. A adoção de estratégias de manejo de terras que capturem mais carbono também é importante, por exemplo, o plantio de árvores, pois a fotossíntese captura carbono da atmosfera e o armazena em sua biomassa durante sua vida. Os solos circundantes também se beneficiam e podem capturar carbono durante períodos ainda mais longos. No entanto, pesquisadores descobriram que, em alguns locais, o plantio de árvores pode resultar em impactos climáticos negativos que superam os *feedbacks* positivos. Por exemplo, em algumas latitudes elevadas, o baixo albedo das árvores absorve mais energia solar do que a paisagem circundante, levando, assim, ao aquecimento. Em geral, porém, o reflorestamento de áreas anteriormente desmatadas é vantajoso, e é muito importante incentivar a regeneração florestal em regiões tropicais.

O zero líquido só poderá ser alcançado se a comunidade internacional trabalhar em conjunto. Houve várias tentativas de persuadi-la a assinar acordos climáticos juridicamente vinculantes. O Acordo de Paris de 2015 foi um marco importante, na medida em que 196 países se comprometeram a limitar o aquecimento global a menos de 2 °C, de preferência a 1,5 °C, em comparação com os níveis pré-industriais. Para cumprir essa meta, os países buscaram formas de reduzir as emissões de gases de efeito estufa imediatamente. No entanto, a natureza inconstante de alguns líderes de Estado enfraquece esses acordos, como ocorreu com a retirada de Donald Trump do acordo quando ele assumiu a presidência dos Estados Unidos, em 2017, e pela reintegração do país como signatário em 2021, quando o Joe Biden assumiu o cargo. A China, responsável por 28% das emissões mundiais de gases de efeito estufa, comprometeu-se a atingir o zero líquido até 2060, e vários outros países inseriram essa meta em suas próprias constituições (a Suécia comprometeu-se a chegar ao zero líquido até 2045, e Reino Unido, Japão e França até 2050).

Muitas empresas e indivíduos também se comprometem a atingir o zero líquido. O processo para se atingir a meta se dá, em geral, pela medição da **pegada de carbono** das organizações, seguida de mudanças em suas atividades ou do pagamento de compensação de carbono (por exemplo, por meio de plantação de árvores). Contudo, às vezes é difícil determinar a quantidade de carbono incorporado utilizado na fabricação ou transporte de um produto, ou na prestação de um serviço, e se a compensação já está ou não inserida no preço do produto (ou seja, se a empresa já pagou um imposto sobre o carbono usado na fabricação do produto e, portanto, se esse custo foi repassado aos clientes). Para garantir a credibilidade e efetividade do sistema de pagamento de carbono, é necessário mais clareza sobre a precificação e controle global.

QUADRO 4.2 – GESTÃO DE ÁREAS DE TURFEIRA PARA MITIGAR AS MUDANÇAS CLIMÁTICAS

Turfeiras armazenam cerca de um terço do carbono do solo mundial. Elas estão localizadas em regiões tropicais, latitudes médias e altas, onde a drenagem é deficiente ou as chuvas são abundantes para manter o sistema úmido. Uma vez que o alagamento reduz a taxa de decomposição do material vegetal quando as plantas morrem, a taxa de acúmulo de serapilheira pode exceder a de decomposição e, portanto, um depósito rico em matéria orgânica cresce ao longo do tempo. Muitas vezes, o acúmulo ocorre lentamente, podendo levar mil anos para acumular 50 a 100 centímetros de turfa, mas após milhares de anos é possível encontrar turfeiras de vários metros de profundidade em diversos locais. Quando ela é pesada depois de toda a água ter sido removida, nota-se que cerca de metade de sua massa é composta por carbono (em geral, turfeiras são sumidouros líquidos de carbono). Contudo, elas vêm sendo degradadas por causa de sua extração para uso como combustível e em horticultura, drenagem em áreas agrícolas e florestais, pastoreio excessivo e poluição atmosférica, fazendo que mais ar penetre em suas camadas superiores e acelere sua decomposição em taxa mais veloz do que seu acúmulo. Assim, turfeiras danificadas liberam o carbono a taxas muito mais rápidas do que acumulam.

Uma pesquisa realizada por Evans et al. (2021) e publicada na *Nature*, com base na medição de fluxos de gases e na hidrologia de regiões de turfeiras, mostra que a profundidade da camada saturada (**lençol freático**) é o fator sensível e importante no controle das emissões de gases de efeito estufa provenientes das turfeiras, de forma que, para reduzir 10 centímetros na profundidade do lençol freático, o impacto líquido do aquecimento causado pelas emissões de dióxido de carbono e metano (com base nos potenciais de aquecimento global de cem anos) é reduzido em pelo menos 3 toneladas de CO_2-eq ha^{-1} ano^{-1}, até que a média anual dos lençóis freáticos seja menor que 30 centímetros. A elevação dos lençóis freáticos acima desse nível continua a ter um impacto líquido no esfriamento até que a média anual dos lençóis freáticos seja maior que 10 centímetros. Para locais de turfeiras onde a acumulação generalizada de água acima da superfície é estimulada, podem ocorrer impactos líquidos de aquecimento por causa do aumento da liberação de metano. Em turfeiras onde os lençóis freáticos médios anuais se situam logo abaixo da superfície, elas têm um potencial de aquecimento global neutro ou negativo e também proporcionam armazenamento líquido de carbono. Os resultados obtidos pela pesquisa indicam os grandes benefícios líquidos que poderiam ser alcançados com a reversão dos impactos da drenagem e da degradação. Reduzir para metade a profundidade do lençol freático em turfeiras atualmente utilizadas para pastagens (de 50 centímetros para 25 centímetros) e agricultura (de 90 centímetros para 45 centímetros) diminuiria em 11,5% o total global de emissões de CO_2-eq relacionadas ao uso do solo. Portanto, é essencial concentrar-se na gestão das turfeiras para mitigação das mudanças climáticas.

Além de alterar os sistemas de energia, de manejo da terra e industrial (para especificar os sistemas indicados na Figura 4.6), também é preciso investir na geoengenharia para capturar carbono e reverter o aquecimento global. Existem centenas de potenciais técnicas de geoengenharia sendo desenvolvidas e testadas, e já estão em funcionamento algumas tecnologias que capturam carbono de centrais elétricas e instalações industriais e o bombeiam para depósitos de gás natural subterrâneo ou poços de petróleo abandonados. Os locais de captura e armazenamento de carbono incluem o Mar do Norte, In Salah (Saara Central, Argélia) e uma fábrica de processamento de gás em Lacq (sudoeste de França). Fawzy et al. (2020) analisaram diversas técnicas de geoengenharia. As mais discutidas na literatura científica estão apresentadas na Tabela 4.1, na qual também há uma explicação breve sobre cada estratégia. Note que há estratégias centradas em emissões negativas (por exemplo, triturar rochas e aplicá-las aos solos para aumentar as taxas de desgaste das rochas – ver Quadro 4.3) e estratégias de equilíbrio de radiação, que tentam alterar o equilíbrio de radiação terrestre sem ajustar os gases de efeito estufa (por exemplo, refletindo mais energia solar de volta para o espaço). A maior parte das técnicas de geoengenharia de equilíbrio de radiação estão em fases muito iniciais de desenvolvimento e teste, ou estão associadas a riscos ou custos elevados em termos de implantação em grande escala. Muitas técnicas de geoengenharia também enfrentam grandes desafios éticos.

QUADRO 4.3 – GEOENGENHARIA UTILIZANDO BASALTO EM ÁREAS AGRÍCOLAS

Experiências mostram grandes benefícios de emissões negativas provenientes do intemperismo otimizado. Kelland et al. (2020) relataram uma única adição de 10 quilogramas por metro quadrado de basalto triturado de granulação relativamente grossa a um solo agrícola argiloso do Reino Unido, o que aumentou significativamente a colheita (em 21%) do sorgo sem a utilização de fertilizantes de fósforo e potássio. As culturas também estavam mais fortes e apresentaram potenciais benefícios em termos de resistência das culturas a estresses bióticos e abióticos. A análise de solo, realizadas entre um e cinco anos após a adição, apresentou taxas de sequestro de dióxido de carbono de 2 a 4 toneladas por hectare, ou seja, o sistema aumentou aproximadamente quatro vezes a captura de carbono em comparação com os sistemas de controle sem adições de basalto. São necessários mais experimentos de campo em uma série de ambientes diferentes, mas essa técnica parece muito promissora para garantir a segurança alimentar global e, ao mesmo tempo, capturar carbono.

Tabela 4.1 – Principais técnicas de geoengenharia por forçamento radioativo

Técnica	Descrição	Em uso
Tecnologias de emissão negativa		
Bioenergia com captura e estoque de carbono	Culturas energéticas ou resíduos agrícolas são queimados para produzir energia, e as emissões são capturadas e armazenadas em reservatórios geológicos.	Sim
Biochar	Colheitas e resíduos agrícolas são aquecidos na ausência de oxigênio para produzir carvão rico em carbono, que é estável e difícil de decompor. O carvão pode ser aplicado em solos.	Sim
Intemperismo otimizado	Quando as rochas de silicato desgastam por causa das chuvas, o dióxido de carbono é absorvido (ver Capítulo 2). O processo é aprimorado quando as rochas são trituradas e esse material é adicionado às terras agrícolas.	Sim
Captura e armazenamento de carbono do ar	Ligação química com sorventes (por exemplo, hidróxido de potássio) usados para extrair dióxido de carbono diretamente do ar, por aquecimento, para ser liberado em reservatórios geológicos ou utilizado para outros fins, como produção química.	Sim
Fertilização oceânica	Adição de nutrientes, como fósforo, nitratos e ferro, à parte superior do oceano para aumentar a absorção de dióxido de carbono, promovendo a atividade biológica.	Não
Melhoria da alcalinidade oceânica	Adição, por exemplo, de rochas alcalinas trituradas, elevando o pH e, consequentemente, também podendo aumentar a absorção de dióxido de carbono nos oceanos.	Não
Apreensão de carbono no solo	Melhorar as práticas de manejo para incentivar o armazenamento de mais carbono nos solos, tais como o plantio contínuo e os sistemas de cultivo perenes.	Sim
Arborização e reflorestamento	Plantio de árvores em áreas novas ou onde já houve desmatamento.	Sim

Continua

Tabela 4.1 – *Continuação*

Técnica	Descrição	Em uso
	Tecnologias de emissão negativa	
Construção e restauração de zonas úmidas	As zonas úmidas, como as turfeiras, são importantes depósitos de carbono e a sua proteção e recuperação promovem a absorção líquida de carbono. O armazenamento, a absorção e a liberação potencial dependem do tipo de zona úmida.	Sim
	Engenharia de equilíbrio radioativo	
Injeção estratosférica de aerossol	Partículas refletivas de aerossol são lançadas na estratosfera por aviões.	Não
Céu marinho brilhante	Adição de partículas de água do mar ou produtos químicos em nuvens sobre os oceanos; as gotículas evaporam facilmente, deixando para trás cristais de sal que aumentam a refletividade das nuvens em baixa altitude.	Não
Redução de nuvens cirrus	Nuvens cirrus de alta altitude bloqueiam a radiação de ondas longas que retornam para o espaço; a redução dessas nuvens permite que haja radiação. A semeadura de aerossol foi proposta para acelerar a formação de cristais de gelo e remover o vapor d'água, encurtando o tempo da nuvem.	Não
Espelhos no espaço	Refletores em órbita instalados ao redor da Terra para bloquear a radiação solar.	Não
Clareamento da superfície	Pintar superfícies urbanas de branco e colocar folhas refletoras nos desertos.	Não

Nota: Técnicas discutidas na literatura científica, segundo Fawzy et al. (2020). Várias iniciativas ainda não foram implantadas.

Adaptação à mudança climática

Além da mitigação, também é necessário que haja um processo de adaptação para lidar com os impactos inevitáveis das mudanças climáticas que ocorrerão antes de as medidas de mitigação surtirem efeito. Por exemplo, realocar pessoas que vivem em áreas com maior probabilidade de serem inundadas e elaborar políticas mais eficientes de prevenção de catástrofes e de gestão de crise. Na Europa, os impactos das ondas de calor na economia e na saúde são combatidos por meio do desenvolvimento de sistemas de alerta; alteração das estruturas habitacionais, das infraestruturas de transportes e de energia; redução das emissões de gases de efeito estufa para melhorar a qualidade do ar; e melhores políticas de prevenção de incêndios florestais. A maioria dos governos desenvolve políticas de adaptação às mudanças climáticas, incluindo a gestão hídrica, costeira e do planejamento territorial. A proteção das infraestruturas é outro fator fundamental. Em regiões como a América Central e do Sul, a utilização de áreas protegidas, acordos de conservação e gestão comunitária de áreas naturais têm sido considerados para ajudar a adaptação dos ecossistemas. As comunidades no Ártico estão tendo de se adaptar rapidamente às alterações nos padrões do gelo marinho e do permafrost, o que está alterando as redes de partilha de alimentos entre as comunidades e danificando as infraestruturas.

Resumo

- Muitas partes do ciclo do carbono foram alteradas pela ação humana ao longo das últimas centenas de anos, sendo que as mudanças se aceleraram nas décadas mais recentes.
- As mudanças climáticas ocorridas ao longo dos últimos 2,4 milhões de anos foram dominadas por ciclos de frio e calor que se intercalaram, durante os quais as maiores camadas de gelo expandiram-se e contraíram-se repetidamente.
- As mudanças climáticas durante o Quaternário foram impulsionadas pelo forçamento orbital, embora essa força não seja suficiente para explicar a magnitude das alterações observadas.

- Os processos de *feedback* interno são importantes para reforçar ou atenuar as mudanças climáticas, destacando os *feedbacks* ocorridos nos sistemas de circulação oceânica.
- Concentrações de gases de efeito estufa, como dióxido de carbono e metano, na atmosfera estão maiores do que em qualquer momento outro momento dos últimos 800 mil anos; suas concentrações aumentaram acentuadamente nas últimas décadas.
- As provas da influência humana no aquecimento recente do sistema climático são convincentes; desde a década de 1950, são observadas muitas mudanças que não têm precedentes ao longo de milênios.
- Mais de cem países comprometerem-se, no Acordo de Paris de 2015, a alcançar emissões de zero líquido até meados do século XXI, em um esforço para manter o aquecimento global abaixo de 1,5 °C desde os tempos pré-industriais. Muitas empresas e indivíduos comprometeram-se a alcançar emissões de zero líquido mais imediatamente.
- Os impactos das mudanças climáticas contemporâneas são de grande alcance, dispendiosos e perigosos.
- As medidas de mitigação precisam ser aceleradas, incluindo a utilização de fontes de energia com baixo teor de carbono e de técnicas que aumentam a captura de carbono.
- As medidas de adaptação necessitam de mais investimento e desenvolvimento para lidar com os impactos das mudanças climáticas provocadas pelas emissões que já foram lançadas no meio ambiente.

Leituras adicionais

CRONIN, T. *Paleoclimates*: Understanding Climate Change Past and Present. New York: Columbia University Press, 2010.

Descreve evidências e métodos para avaliar as mudanças climáticas da Terra durante o Quaternário e em épocas mais recentes.

EVANS, C. D. et al. Overriding Water Table Control on Man-Aged Peatland Greenhouse Gas Emissions. *Nature*, v.593, p.548-52, 2021.

Pesquisa que fornece mais informações para a conclusão descrita no Quadro 4.2.

HOLDEN, J. (Ed.). *An Introduction to Physical Geography and the Environment*. 4.ed. Harlow: Pearson Education, 2017.

Leia, principalmente, os três capítulos que tratam com detalhes alguns temas deste capítulo: "Pleistoceno (p.81-107), Holoceno (p.108-36) e mudanças climáticas contemporâneas (p.175-94).

HUBAU, W. et al. Asynchronous Carbon Sink Saturation in African and Amazonian Tropical Forests. *Nature*, v.579, p.80-7, 2020.

O artigo fornece mais informações relevantes para as descobertas descritas no Quadro 4.1.

IPCC. *Climate Change 2014*: Synthesis Report. Contribution of Working Groups I, II and III to the Fifth Assessment Report of the Intergovernmental Panel on Climate Change. R. K. Pachauri; L. A. Meyer (Ed.). Geneva: IPCC, 2014.

Os relatórios sobre alterações climáticas do IPCC são atualizados com intervalos de alguns anos, e as versões mais recentes estão disponíveis em: http://www.ipcc.ch (acesso em: 18 maio 2024).

5
ÁGUA E GELO

Água

O ciclo da água

O ciclo da água inicia com a evaporação dos oceanos, solo, seres vivos (pela transpiração), rios e lagos. Em seguida, o vapor se condensa em água ou gelo na atmosfera e retorna à superfície terrestre como precipitação. Parte dessa precipitação cai no oceano (cerca de 385 mil quilômetros cúbicos por ano), e outra na terra (cerca de 100 mil quilômetros cúbicos por ano), onde uma fração se infiltra nos solos e rochas abaixo da superfície terrestre, por onde flui mais lentamente em direção aos canais fluviais ou, às vezes, diretamente aos oceanos. Uma parcela da água que permanece na superfície e nas camadas superiores do solo evapora, retornando para a atmosfera ou desaguando em rios e lagos. Por fim, a água também evapora ao longo dos rios, que fluem para o interior em direção à foz de um lago ou que desaguam diretamente nos oceanos (cerca de 39 mil quilômetros cúbicos por ano). Existem quatro reservas principais de água: oceanos, gelo polar, águas terrestres e água atmosférica. Oceanos retêm 93% da água (cerca de 1,338 bilhão de quilômetros cúbicos); gelo polar detém 2%; solos, lagos, rios e águas subterrâneas retêm 5%; e a atmosfera contém um milésimo de 1% dos recursos hídricos. A água de geleiras e gelo polar, ou de profundezas de algumas rochas, pode ser armazenada por vários milhares de anos, enquanto a retida pelas plantas pode ser armazenada apenas por algumas horas.

Movimento da água através da paisagem

A precipitação pode atingir a superfície terrestre ou ser interceptada pela vegetação. Quando cai em forma de neve, parte dela pode sofrer sublimação (evaporar diretamente da forma sólida) e retornar à atmosfera, outra ser armazenada em geleiras ou camadas de gelo, e o restante derreter e fluir para rios e sistemas de águas subterrâneas. A água da chuva interceptada pelas plantas pode evaporar ou escorrer pelos caules ou pingar das folhas até a superfície da terra e, em seguida, infiltrar-se no solo ou acumular-se até que haja quantidade suficiente para escoar sobre a superfície.

A infiltração é influenciada por fatores como cobertura vegetal, textura e estrutura do solo, quantidade e conectividade dos poros do solo e compactação da superfície. Medida com frequência, a **taxa de infiltração** indica o volume de água que penetra em determinada área do solo durante certo tempo. A taxa máxima de infiltração, quando há abastecimento abundante de água, é chamada de **capacidade de infiltração**, que geralmente diminui durante períodos de chuvas. Portanto, se a precipitação ocorrer a uma taxa constante, a princípio a água infiltra-se no solo, mas depois, à medida que sua capacidade de penetração diminui, mais água correrá sobre a superfície. A água que flui sobre a superfície terrestre tende a desaguar nos rios mais rapidamente do que a infiltrada no solo. Compactação do solo, crostas superficiais e superfície congelada restringem a infiltração – mesmo que as taxas de percolação da água sejam bastante rápidas no solo – e contribuem para a formação rápida do escoamento superficial e picos de cheias fluviais potencialmente altas. Solos com muito húmus e camada profunda de serapilheira, como os das florestas tropicais, tendem a ter grande capacidade de infiltração.

Se a quantidade de água que precipitar for superior à taxa de infiltração, o escoamento superficial inicia assim que pequenas depressões começam a transbordar. Esse processo é denominado **escoamento superficial por excesso de infiltração**. Ele é incomum em regiões temperadas, exceto em áreas urbanas, ao longo de estradas e de solos compactados pelo tráfego de tratores, em campos aráveis, ou pelo pastoreio excessivo de animais. O escoamento superficial por excesso de infiltração é mais comum em regiões semiáridas, onde as crostas superficiais do solo se desenvolvem e as curvas das taxas de precipitação são mais acentuadas, e em áreas onde a superfície do solo é frequentemente congelada, como o norte do Canadá e regiões da Sibéria.

O **escoamento superficial por excesso de saturação** é outro importante processo de escoamento. Ocorre quando todos os poros do solo estão cheios de água, ou seja, o solo está saturado, e o lençol freático (localizado logo acima da zona de saturação do solo ou da rocha) está na superfície, fazendo a água sair do interior e escorrer sobre a terra. Esse processo é mais comum em solos rasos e em bases de encostas, onde a água que transita através do solo (Figura 5.1) preenche seus poros durante longos períodos e, quando o solo fica saturado, a água regressa à superfície. Isso significa que o escoamento superficial terrestre por excesso de saturação pode ocorrer muito tempo depois de parar de chover. Se a chuva continuar, a água que precipita terá dificuldade em penetrar no solo se ele já estiver saturado, de modo que o escoamento por excesso de saturação pode ser uma mistura de água doce da chuva e de água que estava no solo há algum tempo.

A área em que ocorre o escoamento superficial por excesso de saturação varia ao longo do tempo. Durante as estações chuvosas, uma grande área fica saturada e pode acontecer de, mesmo durante as estações secas, desencadear o escoamento superficial por excesso de saturação. No entanto, se a bacia hidrográfica estiver relativamente seca, um evento chuvoso forma pouco escoamento superficial por excesso de saturação, mas caso a precipitação continue e a bacia hidrográfica comece a ficar saturada, especialmente nos fundos dos vales, aumenta a probabilidade de, numa área maior da bacia, se formar escoamento superficial por excesso de saturação. Isso significa que áreas com escoamento superficial por excesso de saturação são variáveis, enquanto escoamento superficial por excesso de infiltração tende a ocorrer sempre nas mesmas regiões, entre eventos de tempestade de igual proporção.

Figura 5.1 – Escoamento superficial terrestre por excesso de saturação de água que se acumula ao longo da base das encostas muitas horas após o fim das chuvas. Note que, na imagem, os campos, destinados ao plantio, têm baixa cobertura vegetal, o que levou à erosão do solo e à formação de riachos, nos quais a água se concentrou.

A maioria dos rios ao redor do mundo é alimentada principalmente por **fluxo direto**, movimento da água através dos solos e rochas (às vezes também chamado de interfluxo, que mantém o fluxo do rio durante os períodos de seca (o **fluxo de base** do rio). A rapidez com que a água chega ao canal do rio e, portanto, como um rio responde às chuvas, depende de como a água se movimenta através do solo e das rochas (Figura 5.2). O **fluxo de matriz** ocorre quando a água se move através de poros menores que 0,1 milímetro de diâmetro de uma rocha ou solo, enquanto no **fluxo macroporoso** a água se move através de fendas maiores, fissuras ou canais contínuos da rocha ou solo, evitando assim o contato com boa parte da massa do solo. Os números variam, mas os macroporos têm, em geral, mais de 1 milímetro de diâmetro, embora necessitem formar dutos que se interligam para serem hidrologicamente eficazes (Figura 5.3). É possível estimar a velocidade potencial do fluxo de água pela matriz de um solo ou rocha saturada (**condutividade hidráulica**, medida em metros por segundo) usando técnicas como traçado de corante, bombeamento de água de um poço e medição do tempo que leva para atingir o topo, e, em ambiente controlado em laboratório, fazer a água atravessar pequenas amostras. Contudo, mesmo que um solo ou rocha seja facilmente permeável e, portanto, tenha alta condutividade hidráulica, a taxa real de fluxo de água através da substância também será determinada pelo **gradiente hidráulico** (diferença da condutividade hidráulica entre dois pontos, dividida pela distância entre eles). Em outras palavras, se o solo de uma encosta íngreme estiver saturado, o gradiente hidráulico será maior ao longo dessa área do que se o solo estivesse saturado ao longo de uma encosta com gradiente suave.

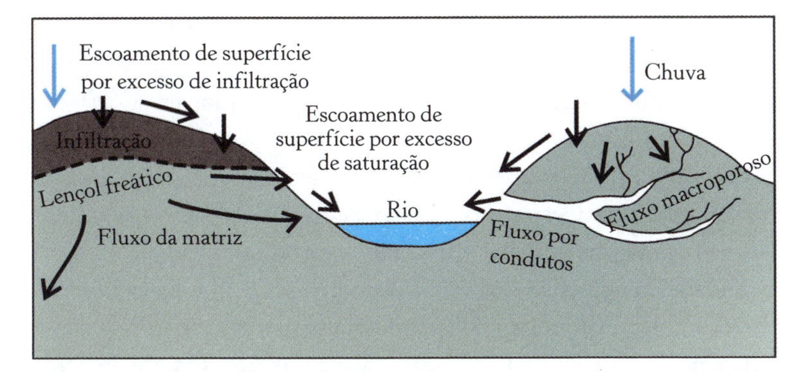

Figura 5.2 – Principais fluxos em encostas.

Figura 5.3 – Colapso do solo mostrando a rota subterrânea de um duto natural com água corrente.

Ao se mover através do solo ou da matriz rochosa, a água encontra boas oportunidades para efetuar trocas de cátions (ver Capítulo 2, sobre propriedades químicas do solo) e alterações químicas. Entretanto, alguns solos contêm diversos macroporos, muitos dos quais transportam água ativamente. Em algumas regiões, medições indicam que mais da metade da água que se desloca através dos solos também passa pelos macroporos. Se um campo arável apresentar muitos macroporos, os fertilizantes, aplicados na superfície, podem ser lixiviados pelos canais de macroporos, impedindo que penetrem na parte principal do solo. Dessa maneira, o fertilizante não estará disponível para as produções agrícolas e pode contaminar riachos e sistemas de águas subterrâneas profundas, prejudicando a qualidade da água. Os macroporos podem ser formados pela atividade de animais do solo, raízes de plantas e fissuras, criadas durante períodos de seca, ou por pequenos deslizamentos de terra. Alguns macroporos podem ter apenas alguns centímetros de diâmetro, outros, conhecidos como drenos naturais do solo, podem ter metros de diâmetro (ver Figura 5.3). A drenagem do solo é mais comum em solos erodíveis, como os do Planalto de Loess, na China, do sudeste semiárido da Espanha e do Arizona, ou em sistemas cársticos de cavernas calcárias, mas também foi encontrada em alguns sistemas de turfeiras úmidas. O fluxo turbulento dentro dos grandes macroporos pode aumentar seu diâmetro ainda mais, até que, por fim, o solo entre em colapso e forme ravinas.

Água subterrânea

Água subterrânea pode ser definida de diversas maneiras. Alguns relacionam o termo apenas à água dentro da rocha, outros à água retida abaixo do lençol freático, tanto nos solos como nas rochas. Em qualquer situação, a água no solo é de importância mundial. Em muitas bacias hidrográficas, as águas subterrâneas no leito rochoso abastecem os riachos. Essas águas infiltram-se no solo sobrejacente e penetram na rocha, através de pequenos poros, fraturas e fissuras. As águas subterrâneas armazenam cerca de 30% da água doce do planeta. Contudo, para que abasteçam rios, a rocha ou o solo precisam de ser permeáveis, permitindo que a água flua através deles. Camadas de rocha suficientemente porosas, para armazenar água, e permeáveis, para permitir que a água flua através delas, são chamadas de **aquíferos**.

Mais de um quinto da população mundial depende exclusivamente das águas subterrâneas para satisfazer as suas necessidades. Alguns países, como Hungria e Dinamarca, dependem quase exclusivamente delas para o abastecimento de água potável, enquanto a França obtém 56% da água potável a partir de águas subterrâneas e o Reino Unido, 30%. Metade das águas para todos os fins é obtida de fontes subterrâneas nos Estados Unidos, sendo um quarto da água potável proveniente de recursos aquíferos. Proporcionalmente, comunidades menores utilizam mais água subterrânea – um pequeno poço pode abastecer cerca de cem casas –, o que dificulta o controle de qualidade. Há milhares de anos, os seres humanos utilizam a água subterrânea proveniente de poços ou de nascentes. Contudo, se a quantidade retirada do solo pelos seres humanos não for reinserida nos aquíferos na mesma proporção, os níveis das águas subterrâneas diminuirão (Quadro 5.1). De fato, o nível do lençol freático sobe e desce natural e sazonalmente em muitas áreas, dependendo das taxas de precipitação e de evapotranspiração. No entanto, em diversas regiões, as águas subterrâneas já estão quase esgotadas, particularmente onde as taxas de reposição são lentas e a água captada pode ter centenas ou milhares de anos. Cerca de um décimo do consumo mundial de águas subterrâneas é considerado insustentável, pois os custos para bombeá-las são maiores do que os para captar águas próximas da superfície. Na Cidade do México e em Tucson (Arizona, Estados Unidos), ocorreu subsidência por causa do esgotamento das águas subterrâneas. Em Tucson, foram registrados locais com mais de 8 metros de subsidência, o que pressionou a elaboração de ações para reduzir o consumo de águas subterrâneas e forçou a construção de um longo canal para desviar a água superficial do rio 400 quilômetros através do deserto, do Rio Colorado até Tucson. Por causa das ligações com o fluxo de base, os rios podem secar se as águas subterrâneas forem captadas em excesso. Em zonas costeiras, onde o aquífero está diretamente ligado ao mar, a captação dessas águas pode levar à sua substituição pela água salgada, problema que ocorre, por exemplo, ao longo de muitas costas australianas, onde estão localizadas grandes cidades, e nas costas do Golfo Pérsico.

A gestão das águas subterrâneas é, portanto, prioridade para grande parte do mundo, ainda mais agora, dada a necessidade de adaptação às mudanças climáticas. Esse gerenciamento deve se basear em informações confiáveis sobre as taxas de entrada e saída de água e na compreensão dos "limites" geológicos de uma área de captação de água subterrânea. Assim, será possível avaliar estratégias de gestão, que também devem levar em consideração as necessidades locais (por exemplo, a saída de água que abastece o fluxo de base do rio e sustenta a **biodiversidade** aquática). A técnica de recarga artificial de aquíferos está sendo aplicada em vários lugares – como Long Island (Nova York,

Estados Unido) e a região de Dã (Israel) –, e consiste na infiltração e injeção direta de água durante os períodos chuvosos por meio de poços de bombeamento. Também cria condições para um forte gradiente hidráulico (por exemplo, bombeando água do sistema para outras áreas de armazenamento, a fim de incentivar a entrada de água nas águas subterrâneas a partir de lagos adjacentes). Com frequência, também são necessárias medidas de eficiência hídrica para reduzir a demanda de água, inclusive para fins de irrigação, embora isso seja um desafio, dado o crescimento populacional e as preocupações com a segurança alimentar.

QUADRO 5.1 – ESTIMATIVAS DE ESGOTAMENTO DE ÁGUAS SUBTERRÂNEAS DO ORIENTE MÉDIO, A PARTIR DE DADOS DE SATÉLITE

Em muitas partes do Oriente Médio a disponibilidade de água superficial é limitada para abastecer as populações e, por isso, predomina a captação de água subterrânea. Isso ocorre há milênios, mas, com o aumento populacional e o desenvolvimento econômico, a procura por água cresceu. Dos dez países do mundo com menos recursos hídricos renováveis por habitantes, sete estão no Oriente Médio: Kuwait, Emirados Árabes Unidos, Qatar, Arábia Saudita, Iêmen, Bahrein e Jordânia. Dada a grande área, é difícil avaliar o esgotamento das águas subterrâneas em toda a região com base apenas em dados obtidos por perfuração e observações locais. Por isso, satélites têm sido utilizados para avaliar as alterações das águas subterrâneas regionais. Sabendo que a força gravitacional enfraquece à medida que o corpo d'água subterrâneo diminui, um estudo (Voss et al., 2013) que utilizou dados de parte do Oriente Médio, obtidos pelo satélite Gravity Recovery and Climate Experiment (Grace), cuja missão principal é medir as forças gravitacionais da Terra, mostrou que o armazenamento total de água diminuiu rapidamente, com redução de 91 quilômetros cúbicos em apenas sete anos. A perda desse volume em uma região de escassez significa que são necessários investimentos adicionais e utilização de energia tanto para bombear água mais profunda do solo quanto para obter água de outras fontes (como a remoção de sal da água marinha, o que aumenta o consumo de energia).

Fluxo fluvial

A água que flui, em geral, para rios ou lagos pela superfície terrestre é chamada de fluxo (note que fluxo não significa apenas escoamento superficial). Já a área de terra que potencialmente pode drenar para um rio ou lago é conhecida como bacia de captação ou bacia hidrográfica. O fluxo do rio (subterrâneo ou superficial) é crucial para a vida aquática, disponibilidade de água para os reservatórios, captação para uso humano e inundações ribeirinhas. A rapidez com que ele muda é determinada pelas proporções relativas dos diferentes tipos de fluxo durante chuvas ou períodos sazonais. A proporção da precipitação que cai em uma bacia hidrográfica e depois atinge o canal do rio pode variar entre 100% e 0%.

Os fluxos dos rios podem mudar durante eventos isolados de precipitação ou derretimento, ou permanecer razoavelmente estáveis, dependendo do ambiente. O atraso entre a ocorrência da precipitação e o pico de vazão de um rio é afetado pelos processos de fluxos, discutidos anteriormente. Onde o excesso de infiltração do escoamento superficial influencia a resposta do fluxo, então o hidrograma (gráfico que representa da vazão do rio ao longo de um período) provavelmente terá intervalo de tempo curto e pico de fluxo elevado. O hidrograma será, portanto, acentuadamente inclinado (talvez até pontiagudo), subindo rapidamente do fluxo baixo para o fluxo máximo. Contudo, se a bacia de captação for muito grande (dezenas de milhares de quilômetros quadrados), poderá levar vários dias até que o pico do caudal do rio chegue rio abaixo. A urbanização aumenta o risco de inundações, pois reduz a capacidade da água infiltrar na superfície terrestre por causa das construções, levando a um rápido escoamento para o rio, o que resulta em hidrogramas com elevações abruptas e picos acentuados. Se o fluxo através dos poros nos solos e rochas (fluxo de matriz) for maior que o escoamento, então o nível do rio pode subir e descer muito lentamente em resposta à precipitação, e o pico pode ser pequeno. No entanto, uma vez que o fluxo contínuo contribui para o excesso de saturação do escoamento superficial, então ele pode resultar em picos de inundação rápidos e grandes. Em alguns solos, como a turfeira, apenas uma pequena quantidade de infiltração pode bastar para fazer o lençol freático subir à superfície. Em outros solos, pode haver até dois picos de vazão fluvial causados por uma chuva. Isso ocorre onde o primeiro pico é dominado pelo escoamento superficial, e o segundo pico, um pouco depois, que pode ser muito mais longo e maior, é causado pelo escoamento subterrâneo que se acumula na parte inferior das encostas e no fundo dos vales, antes de entrar no canal fluvial. O fluxo também pode contribuir diretamente para os hidrogramas de tempestade por meio do mecanismo fluxo em pistão ou fluxo de deslocamento, em que a água do solo da parte inferior de uma encosta é abruptamente empurrada para fora do solo pelas pressões da parte superior da encosta causadas pela entrada de água nova e fresca, infiltrada no topo de uma encosta.

A Figura 5.4 mostra os hidrogramas dos fluxos, ao longo de um ano, de dois rios próximos, onde o clima é semelhante. Apesar de estarem na mesma área, os fluxos são muito diferentes: os fluxos do Rio Nol parecem ser dominados pelo fluxo de base e não há picos de tempestade individuais, ao contrário do Rio Creef, no qual predomina o escoamento superficial ou rápido (por exemplo, através de macroporos e drenos de solo). A bacia hidrográfica do Rio Nol cobre um leito rochoso permeável, tem declive suave e possui solo que permite boa infiltração e baixa probabilidade de saturação da superfície. Portanto, escoamentos superficiais por excesso de infiltração ou de saturação são raros nesse local. O Rio Creek, no entanto, têm solo fino, que fica acima de uma rocha impermeável e, portanto, com frequência, fica saturado e cria condições para o escoamento superficial por excesso de saturação.

A variabilidade sazonal no fluxo do rio é conhecida como **regime fluvial**, para o qual existem quatro tipos principais. Onde há derretimento de neve, o pico de fluxo do rio pode ocorrer no final da primavera, mas o pico pode ser no início do verão quando há derretimento anual das geleiras. A descarga do rio (volume de água que passa através de um ponto do rio medido por um período) pode ser extremamente baixa durante o inverno, mesmo que haja precipitação, uma vez que essa precipitação é armazenada sobre as geleiras. Também pode haver significativa mudança diária na vazão do rio por causa dos ciclos diários de derretimento da neve e do gelo. A descarga noturna em regiões frias tende a ser bem menor do que a do meio da tarde.

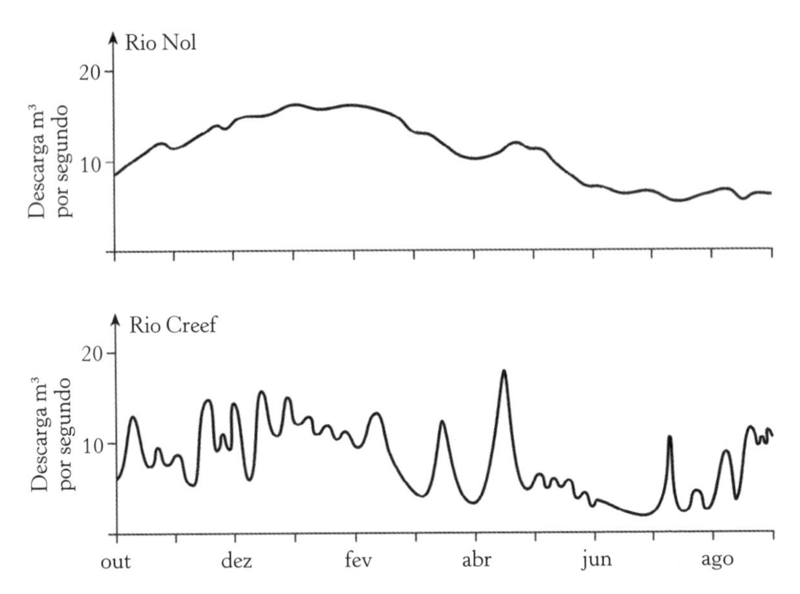

Figura 5.4 – Mudanças na vazão, ao longo de um ano, de dois rios próximos e com precipitação semelhante, mas características de captação distintas.

As zonas áridas, especialmente em regiões áridas subtropicais, recebem chuvas ocasionais, mas intensas. Chuvas intensas que caem sobre áreas com pouca cobertura vegetal resultam em infiltração excessiva de água, escoamento superficial, escoamento rápido e altos picos de inundação. Contudo, muitos solos de terras áridas são grossos e arenosos com elevada capacidade de infiltração, o que diminui a probabilidade de haver escoamento superficial. Portanto, as respostas podem variar bastante, mesmo que as intensidades de precipitação sejam muito elevadas. Na maioria das terras áridas, o fluxo do rio cessa alguns dias após a passagem da tempestade, por meio da evaporação ou infiltração da água nos leitos dos rios.

Nas zonas temperadas e oceânicas, a precipitação ocorre periodicamente durante todo o ano, com talvez alguns picos sazonais (ver Capítulo 3). O regime fluvial nessas áreas pode mudar de acordo com as alterações sazonais no armazenamento e liberação de águas subterrâneas, ou as taxas mais elevadas de evaporação e transpiração durante o verão.

Os rios de áreas equatoriais tendem a ter um regime bastante regular, enquanto os sistemas fluviais tropicais fora das áreas equatoriais recebem muita precipitação durante o verão, mas vivem uma estação seca acentuada durante o inverno. As taxas de evaporação e transpiração são sempre elevadas, de modo que o fluxo reflete o padrão sazonal de precipitação.

O manejo de terras e rios pode alterar drasticamente os fluxos dos sistemas fluviais. A construção de barragens e a alteração ou desvio dos cursos dos rios alteram os regimes fluviais; muitos rios ficam excepcionalmente secos durante pelo menos parte do ano nas suas saídas para o mar ou lagos interiores por causa de barragens e de captação de água, por exemplo, os rios Colorado (México/EUA, Figura 5.5) e Indo (Sul da Ásia) e a Bacia Murray-Darling (Austrália). O baixo fluxo na saída faz que os lagos interiores se encolham ou sequem onde os rios fluem para o interior continental (por exemplo, o Lago Chade tem atualmente apenas um décimo do seu tamanho original) ou para saídas oceânicas, a falta de descarga causa a erosão dos deltas por causa do baixo fornecimento de sedimentos a montante. O desmatamento ou o pastoreio intenso reduzem bastante a capacidade de infiltração do solo e as taxas de transpiração. Cobrir uma área com concreto e asfalto, que são impermeáveis, e depois canalizar o escoamento para drenos que alimentam os cursos de água aumentam o risco de inundações a jusante. Esses processos faz a água fluir para os rios com tempos de atraso mais curtos e, portanto, os picos de cheias se tornam potencialmente mais elevados. Uma análise recente das medições do fluxo de água urbano, nos Estados Unidos, para pequenas bacias hidrográficas de 5 a 162 quilômetros quadrados, onde havia pelo menos vinte anos de dados coletados e nenhuma barragem, mostrou que os picos dos fluxos aumentaram com a urbanização, enquanto os níveis mais baixos aumentaram em alguns locais e diminuíram em outros (ver Bhaskar et al., 2020). A variação dos níveis mais baixos de fluxo pode estar relacionada ao fato de, à medida que uma área urbana cresce, a captação de água a montante aumenta, reduzindo os caudais baixos nos rios, mas fazendo que, depois, os efluentes de águas residuais a jusante sejam liberados de volta para o curso de água, de modo que o regime de caudal varia dependendo do desenho dos rios.

Figura 5.5 – Imagem de parte do canal seco do Rio Colorado e da planície de inundação perto de San Luis Rio Colorado (México) e San Luis (Arizona, Estados Unidos), tirada pelo satélite Landsat 8. Também pode ser visto o Canal Alimentador Central, que corre aproximadamente de nordeste a sudoeste e é uma das muitas rotas de captação de água distante do rio. Acredita-se que, antigamente, o Colorado fluía com grande vazão por essa área, em direção ao Mar da Califórnia. No entanto, tanta água foi retirada do rio que a ligação com o mar é atualmente rara.

Fonte: Observatório da Terra da Nasa. Disponível em: https://earthobservatory.nasa.gov. Acesso em: 27 maio 2024.

As inundações são um fenômeno natural e devem ser esperadas. Todos os anos, seus efeitos causam centenas de mortes em todo o mundo e danificam infraestruturas. Em geral, ocorrem quando o nível dos rios ultrapassam suas margens. No entanto, as inundações também podem ocorrer quando uma maré está bastante alta na costa, muitas vezes agravada por uma tempestade (**ressaca marítima**) e por caudais elevados dos rios. Elas também podem ocorrer quando chuvas muito fortes ficam presas em uma área (por exemplo, uma região urbana onde o sistema de drenagem não dá conta do excesso de água superficial) ou quando há intenso escoamento superficial por excesso de saturação. As inundações também podem trazer benefícios às terras agrícolas, com o fornecimento de nutrientes. Sempre há uma inundação ocorrendo em algum lugar do mundo (ver https://floodobservatory.colorado.edu/, acesso em 28 maio 2024, para mapas das inundações atuais).

O risco de inundações costuma ser analisado de acordo com sua frequência histórica. Se um nível de água superior a 10 metros de altura ocorreu cinco vezes nos últimos dez anos, interpreta-se que a frequência de retorno da cheia de 10 metros é, em média, uma vez a cada dois anos. No entanto, isso não significa que ocorre uma inundação de 10 metros de altura a cada período, uma vez que a frequência de retorno se baseia em um valor a longo prazo. Por exemplo, pode haver três inundações de 10 metros em um ano. Além disso, há a preocupação de que a análise dos registros passados possa não ser a melhor forma de prever futuras inundações, principalmente se houve alterações no manejo dos solos na bacia hidrográfica ou se as mudanças climáticas tiverem modicado os padrões de precipitação ou a cobertura vegetal. O aprendizado de máquina (*machine learning*) foi recentemente aplicado a dados de inundações para aprimorar sistemas de alerta de enchentes em tempo real; essa técnica permite que, à medida que as paisagens mudam, a máquina aprenda com as novas resposta às cheias e modifique e aprimore suas previsões (ver Quadro 5.2).

Com frequência, a nossa resposta às inundações envolveu a construção de maiores defesas em torno de vilas e cidades. Contudo, a água das cheias tem de ir para algum lugar, e direcioná-la mais rapidamente, por meio da construção de parte do sistema fluvial, para grandes diques ou retificar e aprofundar canais de rios apenas reduz o tempo de atraso a jusante e aumenta o pico global de cheias naquele lugar. Por isso, recentemente, tem sido feito um esforço para adotar uma gestão das inundações mais "baseada na natureza". Em zonas urbanas, isso pode significar a adoção de mais telhados verdes (plantados) ou a garantia de que ruas e calçadas sejam

QUADRO 5.2 – USANDO *BIG DATA* E INTELIGÊNCIA ARTIFICIAL CONTRA INUNDAÇÕES

A cidade de Hull, na Inglaterra, fica em uma região costeira baixa, às margens do estuário de Humber, cuja bacia drena cerca de um terço da área da Inglaterra. Hull tem sido sujeita a eventos combinados de inundações, incluindo transbordamento de águas pluviais de sistemas de drenagem urbana sobrecarregados, inundações costeiras, inundações pluviais causadas por fortes chuvas sobre superfícies urbanas impermeáveis e inundações fluviais.

Recentemente, a Living With Water, uma parceria entre diversas organizações, coletou e agrupou, pela primeira vez, dados de alta precisão referentes à precipitação e aos níveis de água em rios e sistemas de drenagem da região. Como parte de um projeto financiado pelo Conselho de Pesquisa do Meio Ambiente do Reino Unido, denominado Programa de Soluções Integradas de Captação, técnicas de aprendizado de máquina foram aplicadas ao grande conjunto de dados obtidos. O aprendizado de máquina é um ramo da inteligência artificial por meio do qual os computadores aprendem continuamente com os padrões de dados coletados. Dentro de vastos volumes de dados, muitos desses padrões podem não ser evidentes para a interpretação humana, mas os algoritmos são capazes de encontrar vários padrões-chave relacionados às ligações entre a precipitação de determinados locais e os níveis de água de algumas horas mais tarde em diferentes pontos da rede de drenagem e canais; também podem detectar efeitos de maré. Dessa maneira, o computador pode treinar a si próprio para prever como diferentes partes da complexa rede hídrica responderiam a distintos padrões de precipitação na área. Também é possível que a máquina continue a aprender, de modo que, à medida que o sistema muda (por exemplo, por causa do desenvolvimento de novos empreendimentos habitacionais e de alterações nas redes de drenagem), o computador modifica as suas previsões. Os dados são coletados em tempo real por dispositivos de medição que utilizam telefones celulares e redes sem fio implementados pela Living with Water. Esses dados são analisados pelo computador com inteligência artificial, que pode prever o comportamento do nível da água em diferentes locais, resultando em um sistema de alerta em tempo real. Utilizando um tipo especial de mapa de dados (diferente de um mapa espacial), é possível mostrar as relações entre conjuntos de dados em diferentes pontos do sistema hídrico, acionar o sistema de alerta de acordo com os padrões de precipitação e permitir que moradores e empresas, poucos minutos ou horas antes de os efeitos serem sentidos, tomem medidas para reduzir os impactos (por exemplo, desentupir bueiros, mover carros para locais mais altos, fechar comportas, evacuar uma área). Isso torna a gestão local de inundações mais eficiente e, ao usar os mapas de dados, também supera uma das principais limitações de algumas ferramentas de aprendizado de máquina, pois ajuda a compreender os efeitos de um evento a partir de grandes volumes de dados.

Para obter mais informações sobre esse estudo de caso e iniciativas mais amplas sobre gestão de risco de inundações da região de Yorkshire (Inglaterra), incluindo gestão de risco de inundações naturais, comunicação e previsão, consulte o *site* do Yorkshire Integrated Catchment Solutions Programme, disponível em: http:\\www.icasp.org.uk (acesso em 28 maio 2024).

permeáveis, em combinação com a criação de lagoas e lagos para armazenar temporariamente a água da chuva.[1] Esses métodos foram adotados em muitas regiões, diversas vezes como parte de sistemas urbanos de drenagem sustentável (SUDS), que também podem reduzir a poluição das águas. Contudo, isso não basta, e métodos mais ambiciosos devem ser aplicados, como a criação de "cidades-esponja, conceito que se refere a megacidades (por exemplo, Ningbo, na China) que passaram a adotar infraestruturas altamente sensíveis à água. Também é importante pensar além das áreas urbanas e ampliar as ações mundiais na bacia hidrográfica. A gestão natural das inundações está se tornando um conceito popular em algumas regiões, como a Europa, onde técnicas como plantio de árvores, barragens de madeira nos cursos d'água, gestão do solo, lagoas agrícolas e revegetação são adotadas em áreas de captação a montante para tentar abrandar o fluxo de água e reduzir os picos de fluxo para áreas a jusante. Ainda estão sendo coletados dados sobre o sucesso dessas técnicas, uma vez que a maioria das evidências se baseia em conjuntos de dados coletados em áreas pequenas de captação.

Mudança do canal fluvial

Os rios são dinâmicos, pois mudam de posição na paisagem ao longo do tempo, alteram a sua forma e movem sedimentos, água e materiais dissolvidos. Eles são um agente importante na remoção de material intemperizado da superfície terrestre e na sua redistribuição pela paisagem ou nos oceanos. Esse processo equilibra a formação de montanhas, causada pela movimentação das placas tectônicas, de modo que, durante longos períodos, a intemperização, a erosão e a remoção por sistemas fluviais ou massas de gelo (ver mais adiante neste capítulo) suavizam novamente a paisagem. O soerguimento e a erosão das paisagens têm sido tradicionalmente considerados cíclicos, embora os resultados possam ser

1 No Brasil, é comum a construção, nas áreas urbanas, dos chamados "piscinões". (N. T.)

muito diferentes dependendo das taxas e dos tipos de processos que ocorrem em cada ambiente.

A maioria dos rios tem perfil longitudinal (declive do rio desde a sua nascente até a foz) côncavo, com gradientes progressivamente mais baixos a jusante, e varia com a geologia, o tectonismo e a variabilidade no fluxo. Outros perfis podem ser formados quando há interferência de lagos ou rochas muito resistentes (muitas vezes resultam em cachoeiras), ou há grandes mudanças no nível do mar. Se o nível do mar cair, todo o leito do rio pode erodir; se o nível subir, o rio pode depositar mais sedimentos ao longo do seu curso.

O movimento de sedimentos nos rios está ligado ao fluxo de água. Para uma partícula de sedimento ser retirada do leito ou margem do rio pela água corrente, um limite crítico precisa ser ultrapassado, acima do qual a velocidade da água (**tensão de corte**) é suficientemente grande para superar as forças de atrito que resistem à erosão. O transporte de materiais próximo ao leito é conhecido como transporte de carga de fundo. As partículas movem-se rolando, deslizando ou saltando (pulando) ao longo ou perto do leito. Se a velocidade do fluxo não mudar, uma partícula só entrará em repouso caso encontre um obstáculo ou caia em uma área protegida, por uma partícula maior, da força principal da água. Com aumentos adicionais na força do fluxo, partículas menores podem subir para o corpo principal de água e ser transportadas em suspensão. A deposição e a cessação do movimento de uma única partícula ocorrem quando a velocidade diminui para abaixo das condições críticas, assim, as partículas mais finas são movidas normalmente para jusante. Para sedimentos suspensos no corpo d'água (em oposição àqueles movidos perto do leito do rio como transporte de carga de fundo), o movimento é determinado não apenas pelo fluxo, mas também pela taxa na qual ele é fornecido ao rio (por exemplo, a partir de processos de lixiviação, ver Capítulo 2).

Onde a erosão excede a deposição, ocorre o rebaixamento do leito do rio ou o alargamento das margens. Se as taxas de erosão e deposição forem equivalentes, o nível do canal do rio permanece aproximadamente o mesmo. A erosão dos canais pode minar estruturas, como as pontes, enquanto a deposição pode fazer estradas, por exemplo, submergirem. Canais estáveis, especialmente aqueles cujos leitos são revestidos com rocha, são menos propensos a prejudicar estruturas de engenharia, mas as flutuações nas dimensões e localização dos canais fluviais causadas por inundações ou pulsos de sedimentos que se movem rio abaixo podem ser problemáticas.

Em geral, o formato dos rios são influenciados por características da seção transversal do canal, uma vez que seções transversais naturais se ajustam para acomodar descargas e cargas de sedimentos. Espera-se que os canais sejam mais largos e profundos se a descarga for maior. Movendo-se a jusante, as seções transversais dos canais do rio tendem a ficar maiores, embora não haja uma relação perfeita entre a descarga e a área da seção transversal do canal porque canais maiores são mais eficientes na condução de água (menos atrito próximo das margens do canal por volume de água). Além disso, o sedimento que compõe o canal do rio também influencia seu formato. Canais com elevada porcentagem de silte ou argila nas suas margens – característica mais comum de seções de planície do rio – e rios que transportam grande parte da carga de sedimentos em suspensão tendem a ser mais estreitos e profundos do que os rios de leito de areia e cascalho. A vegetação também pode ser importante no formato das seções transversais, influenciando a resistência das margens por meio de sistemas radiculares que ligam o sedimento, por exemplo, a remoção da vegetação ribeirinha pode levar à rápida erosão das margens.

Dentro das seções transversais do canal, a velocidade do fluxo de água pode variar bastante. Perto do leito ou das margens, a vazão tende a ser mais lenta. Nas curvas, podem ser exercidas forças que aumentam a vazão na margem externa, à medida que a água flui, e diminui a velocidade na margem interna da curva, assim, é mais provável que haja erosão na margem externa, pois a água mais rápida tem mais probabilidade de mover sedimentos, enquanto, na margem interna, é mais provável que os sedimentos sejam depositados. Isso provoca um maior desenvolvimento de meandro (Figura

5.6) e significa que o rio está, naturalmente, sofrendo contínua erosão e depositando sedimentos, e assim sua margem mudará ao longo do tempo. O tamanho do sedimento tende a ser maior em direção à margem externa de canais meândricos, pois a velocidade da água é maior perto da margem externa e diminui lentamente em direção à margem interna. Quando as curvas se tornam muito acentuadas, o rio corta o meandro, criando um curso direto a jusante daquela pequena seção, e forma uma seção em forma de meia-lua que é separada do rio principal (lago marginal). Essa mudança de curso acontece frequentemente durante um evento de caudal elevado, quando erosão e deposição estão mais ativas. Às vezes, durante tais eventos, o rio pode abandonar completamente longos trechos de seu canal e tomar um novo curso em um ponto distinto da planície de inundação. A mudança repentina do curso de um rio é conhecida como **avulsão**.

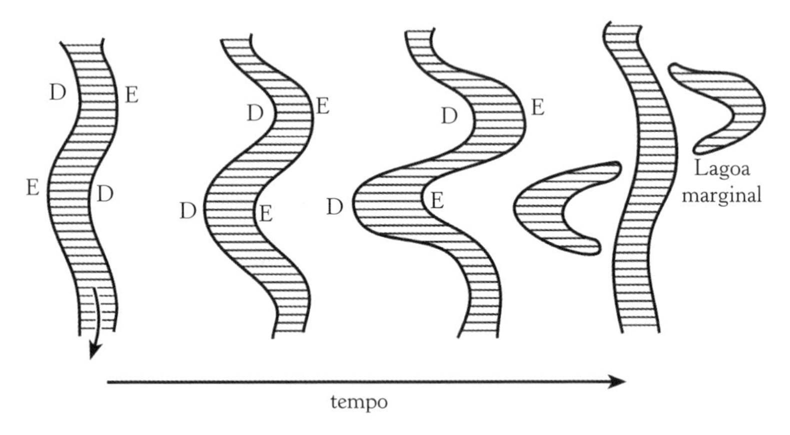

Figura 5.6 – Alargamento dos meandros dos rios e formação de lagoas marginais. E: zona de erosão líquida. D: zona de deposição líquida de sedimentos.

Observando um rio de cima, é possível notar seu padrão, ou planta, que pode ser principalmente trançado, meândrico e, raramente, reto (Figura 5.7), embora seja mais provável que este últimos seja criado pelo ser humano. Um mesmo rio pode ter todos esses padrões. Os canais trançados consistem em vários canais isolados menores, que se separam e se juntam em ilhas, conhecidas como barras. Os canais podem mover-se rapidamente, com barras erodindo de um lado e sendo formadas do outro. Rios trançados são comuns onde há muitos sedimentos móveis, como a jusante de uma geleira, e são essencialmente formados por muitos trechos sinuosos. Canais meândricos têm planta ondulada. Em geral, para determinar a característica do canal, sua ondulação é medida pela sinuosidade indicada pela razão do comprimento do rio entre dois pontos em relação ao comprimento do vale em linha reta entre esses dois pontos. Os canais são denominados retos quando sua sinuosidade é inferior a 1,5. Canal meândrico refere-se a um único canal com várias curvas que resultam em uma sinuosidade do canal superior a 1,5. Rios retos são mais controlados pela ação humana, mas, se são naturais, com frequência são instáveis e tornam-se meândricos.

Figura 5.7 – Principais plantas fluviais: (a) rio trançado (Murchison, Nova Zelândia); (b) rio meândrico (Des Lacs, Dakota do Norte, EUA).

Fonte: (a) Avenue; (b) US Geological Survey, foto de Joel M. Galloway (disponível em: https://www.usgs.gov/media/images/des-lacs-river; acesso em: 28 maio 2024).

A inclinação e a vazão são importantes variáveis de controle na plataforma dos canais fluviais. Para determinada descarga, há uma inclinação crítica acima da qual os canais se tornam meândricos e, em seguida, há um novo limite de inclinação crítica acima do qual eles se entrelaçam. Esses limites diminuem com o aumento da descarga. Assim, seções trançadas são geralmente encontradas em rios grandes ou pequenos com encostas íngremes. Rios errantes e entrelaçados são formados onde há sedimentos grossos e margens erodíveis, e onde o principal mecanismo de transporte de sedimentos é o de fundo, em vez do transporte suspenso.

As características dos leitos dos rios tendem a mudar a jusante. Com frequência, existem canais rochosos na seção superior de uma rede fluvial ou grandes rochas e pedras, mas o tamanho do material do leito a jusante tende a ser bem menor. Isso ocorre porque partículas menores são transportadas a jusante com mais facilidade e a abrasão de sedimentos maiores, por colisão e trituração, dentro do rio diminui e arredonda o material a jusante. No entanto, esses padrões não são vistos em todos os lugares e podem ser alterados pelas entradas locais de sedimentos na rede fluvial.

Os rios têm vários acidentes geográficos erosivos e deposicionais. Nos canais rochosos, podem ser encontrados: buracos, formados pelo desgaste e trituração mecânicos de pequenas partículas que ampliam uma pequena depressão ou um defeito existente na rocha; mudanças de pressão por causa do colapso de bolhas em fluxo turbulento; e intemperismo químico. Em rios, com cascalho em seu leito, os acidentes geográficos mais comuns no leito são sequências de poços e corredeiras. Poços são seções profundas com água corrente relativamente lenta e material de leito fino. Corredeiras são formadas pelo acúmulo de sedimentos grossos, com águas rasas e de fluxo rápido. O espaçamento entre poços e corredeiras é frequentemente de cinco a sete vezes a largura do canal, mas pode variar. O leito dos trechos arenosos dos rios pode apresentar pequenas ondulações na areia, com menos de 4 centímetros de altura, e também dunas maiores. O tamanho e a forma das dunas variam com a descarga após os eventos de chuva. As dunas e ondulações tendem a migrar a jusante à medida que a areia é transportada para cima, pelo lado voltado para montante da crista da formação, e depois cai pelo lado jusante. A uma velocidade de fluxo muito elevada, pode ser formado um leito fluvial plano, ou dunas podem migrar rio acima, uma vez que a erosão a jusante da duna permite a suspensão de material na água, o que ocorre mais rapidamente do que pode ser reabastecido a montante.

Os canais alteram o declive, a seção transversal, a planta e a forma do leito em resposta às alterações ambientais. Contudo, os seres humanos têm modificado os canais fluviais ao longo dos últimos milhares de anos, tendo feito mudanças mais prejudiciais nos últimos dois séculos. Atividades como construção de barragens, urbanização, mineração, drenagem de terras e desmatamento impactam os canais, e urbanização e desmatamento, especialmente, aceleram e intensificam o fluxo, o que aumentar a taxa de erosão do rio. Nos Estados Unidos, foram encontrados canais com volume até seis vezes superiores aos de rios semelhantes com fluxos mais naturais. As barragens têm impactado bastante os fluxos dos rios e os canais e a dinâmica dos sedimentos. Por exemplo, o Nilo transporta atualmente apenas 8% da sua carga natural de silte abaixo da barragem de Assuan, reduzindo a fertilidade das planícies aluviais a jusante e acelerando a erosão do leito do rio e da costa, uma vez que a falta de sedimentos que entrariam no mar não mais repõe os sedimentos erodidos pela ação das ondas (sobre as costas, ver a seguir).

Apesar de canais fluviais não serem estáticos, muitas vezes os rios funcionam como marcadores de limites de propriedades, o que pode levar a disputas porque, assim como curso do rio muda ao longo do tempo, a fronteira entre propriedades, condados, estados e países também pode mudar. Compreender os processos e dinamismo envolvidos nos canais fluviais é essencial para uma boa gestão, diminuindo a probabilidade de haver problemas nas estruturas de engenharia e, assim, ter grandes despesas para a adaptação. Ao longo do último século, ocorreram diversas falhas de engenharia em torno dos rios. Um exemplo notável é o Rio Mississippi, que recuperou grande parte de sua sinuosidade após o endireitamento do canal no início do século XX. No entanto, muitos rios submetidos a alterações de engenharia, como endireitamento, tornaram-se menos diversificados à medida que a variedade biológica fluvial foi removida, prejudicando as funções ecológicas. A diversidade biológica é apoiada pela diversidade do canal (por exemplo, poços, corredeiras, sombra, seções de fluxo lento e rápido) e diversidade de fluxos durante o ano. Canais e fluxos mais uniformes tendem a ser menos biodiversos.

Além da ecologia aquática, em geral a ecologia terrestre também sofre, pois as duas interagem (por exemplo, algumas aves se alimentam de espécies aquáticas). Muitos rios estão sendo recuperados a fim de restaurar características que possibilitam mais diversidade de vida selvagem (tais como curvas sinuosas com poços e corredeiras, e sedimentos naturais em vez de concreto) e também para trabalhar com os processos de erosão e deposição dentro dos rios, e não contra eles. Para conhecer projetos de restauração de rios que tentam reintroduzir plataformas naturais e recursos de canais, consulte o *site* do projeto The River Restoration Centre (disponível em: www.therrc.co.uk; acesso em: 31 maio 2024). Um dos principais desafios para a restauração é que o curso dos rios naturalmente se modifica ao longo do tempo, enquanto os seres humanos gostam de criar infraestruturas fixas em torno das rotas d'água. Assim, os projetos de restauração têm de equilibrar a recriação dos processos naturais com as exigências socioeconômicas de infraestruturas resilientes.

Qualidade da água e poluição

A qualidade da água é determinada pela quantidade dos vários produtos químicos encontrados nela. A qualidade pode variar naturalmente, de acordo com a geologia local, os tipos de solo e o clima, e pode ser influenciada pela ação humana. A água é considerada poluída quando o ambiente aquático é alterado de modo que as espécies que a utilizam não conseguem mais tolerar a sua composição química, as levando à morte ou a abandonar rapidamente uma seção do corpo d'água. Com frequência, a qualidade e a poluição da água são medidas a partir de uma perspectiva humana em termos de sua seguridade para ser ingerida ou quanto fácil ou dispendioso é tratá-la antes de poder ser consumida.

Mesmo que a água que tenha sabor agradável e não seja prejudicial para a saúde, ela ainda contém substâncias dissolvidas. As da mais alta qualidade, com melhor sabor, tendem a vir de reservatórios e lagos que acumularam a maior parte da drenagem de paisagens não modificadas por ação humana, com fluxo predominantemente próximo à superfície ou superficial. Contudo, muitas águas subterrâneas também podem ter bom sabor; em geral, elas tendem a se originar onde as rochas sofrem intemperismo lentamente. Se a água subterrânea tiver captado muitas substâncias dissolvidas dos solos e das rochas, é mais provável que tenha sabor desagradável.

As rotas de escoamento da água influenciam no controle das concentrações de diferentes produtos químicos nos rios, lagos e águas subterrâneas. As entradas de precipitação normalmente têm baixas concentrações químicas dissolvidas. Portanto, onde o movimento da água para os rios é rápido (fluxo por macroporo ou excesso de infiltração), não há muita interação química com o solo ou rocha e, portanto, a química da água do rio será semelhante à da água da chuva (por exemplo, em turfeiras). No entanto, se houver um escoamento superficial significativo, com muitos sedimentos, talvez com a adição de fertilizantes ou produtos químicos industriais, então a água pode estar poluída. O fluxo nas camadas superiores do solo e a água que retorna à superfície como parte do escoamento superficial por excesso de saturação tendem a ter concentrações de soluto bastante diferentes daquelas da precipitação, uma vez que tiveram mais tempo para interagir com o solo e para ocorrerem as reações de intemperismo. Em geral, as concentrações de solutos nas águas subterrâneas são maiores do que em outros lugares por causa do maior tempo de contato da água com o solo e as rochas. A composição da água subterrânea é afetada pela geoquímica da geologia no entorno, uma vez que as taxas de erosão são diferentes para cada mineral, que produz diferentes solutos.

A qualidade da água varia com o tempo porque os fluxos na paisagem também variam. Como as águas subterrâneas e o fluxo profundo através solo são a principal fonte de cátions de base (ver Capítulo 2), provenientes de intemperismo mineral, para a água do rio, as concentrações de cátions de base na água do rio tendem a ser maiores em condições secas, quando a água subterrânea é a principal fonte de fluxo do rio. Em condições mais úmidas, por causa do fluxo através dos macroporos e sobre a superfície terrestre, concentrações de cátions de base são menores. A disponibilidade do fornecimento de solutos pode variar com a temperatura ou o crescimento das plantas (por exemplo, as concentrações de nitrato podem ser mais baixas na primavera e no verão por causa da quantidade absorvida pelas plantas), e as concentrações de substância químicas na precipitação também podem variar com o tempo. Em regiões costeiras, a precipitação é frequentemente enriquecida com sal marinho durante tempestades, aumentando as concentrações de cloreto nas águas dos rios.

Concentrações e **fluxos de solutos** (massa total de um soluto transportado) em rios e lagos variam local e globalmente, pois suas características são determinadas por clima, geologia, topografia, gestão do solo, solos e vegetação da região. Globalmente, os padrões de concentrações de solutos são dominados pelo clima e pela geologia. Regionalmente, manejo da terra, tipos de solo e vegetação são mais importantes. O uso da terra afeta as concentrações de solutos ao alterar as vias de escoamento e a quantidade e a disponibilidade de substâncias químicas dissolvidas. Estima-se que a ação humana aumentou em 12% a quantidade total de solutos transportados por rios em todo o planeta. O Quadro 5.3 detalha alguns progressos recentes que ligam imagens de satélite à amostragem da qualidade da água para determinar padrões de mudança.

QUADRO 5.3 – MUDANÇAS NA QUALIDADE DA ÁGUA MEDIDAS DO ESPAÇO

O conjunto de dados do AquaSat contém amostras de qualidade da água de rios, córregos e lagos dos Estados Unidos, e imagens de sensoriamento remoto de mais de trinta anos obtidas pelos satélites Landsat. Essas imagens são capazes de detectar mudanças na cor da água, que podem ser causadas por sedimentos, carbono orgânico dissolvido e clorofila *a* (medida de algas que confere à água uma cor esverdeada). A partir de imagens tiradas pelo Landsat entre 1984 e 2019, Ross et al. (2019) compararam propriedades de cor de massas de água com resultados de amostras de água subterrânea coletadas por agências dos Estados Unidos ao longo desse período, chegando a 600 mil registros correspondentes entre os dois. Esse conjunto de dados fornece atualmente a base de dados para calibrar as imagens de detecção remota, a fim de as imagens de satélite ajudarem a estimar alterações a longo prazo na qualidade de massas de água que não foram monitoradas por coleta de amostras no passado. Ampliar globalmente esse trabalho será um exercício futuro importante e poderá permitir uma melhor compreensão espacial das mudanças na qualidade da água em áreas que não foram bem amostradas anteriormente.

A agricultura tem impactado bastante a qualidade da água, principalmente por causa do aumento da erosão e da lixiviação de nutrientes, pesticidas e subprodutos de medicamentos veterinários para os cursos d'água. Podem existir fontes isoladas de substâncias químicas provenientes de vazamento de pesticidas, chorume e resíduos de instalações de armazenamento, ou de poluição mais difusa na paisagem. O estrume e o chorume são frequentemente espalhados nas terras agrícolas, mas quando as plantas não conseguem absorver todos os nutrientes fornecidos (ou seja, quando esses fertilizantes são aplicados em excesso) ou se o estrume for aplicado imediatamente antes de chuvas fortes, ocorre a lixiviação do nitrogênio solúvel e de outros produtos químicos. A drenagem e a aragem também podem aumentar as taxas de lixiviação e erosão. Para mudar esse cenário, tem havido muitos esforços para incentivar medidas agroambientais que reduzam tanto a poluição quanto os custos para os agricultores, garantindo que o solo e os fertilizantes aplicados permaneçam na terra.

Há muitos casos em que a contaminação das águas subterrâneas foi relacionada com danos à saúde humana (por exemplo, excesso de flúor – ligado a doenças ósseas debilitantes –, excesso de nitrato – diminui a quantidade de oxigênio no sangue – e envenenamento por arsênico, problema agudo em alguns locais como determinadas regiões de Bangladesh e Bengala Ocidental, na Índia). Em geral, o problema é a exposição de longo prazo a esses produtos (não a ingestão única da água contaminada), porque as águas subterrâneas, ao contrário das superficiais, costumam não ter contato com fontes de doenças infecciosas, mas isso depende da qualidade do filtro do solo e da rocha dentro do aquífero. Na maioria dos países, os problemas de saúde humana levaram à elaboração de normas legais que determinam limites para as concentrações de solutos na água potável. A contaminação pode ocorrer a alguma distância do ponto de captação se os aquíferos estiverem interconectados. Aterros de superfície, derrames de produtos químicos, processamento de alimentos (ver Quadro 5.4), mineração e vazamentos em tanques subterrâneos de postos de combustível são exemplo de fontes isoladas que contaminam as águas subterrâneas. Fontes difusas, como fertilizantes e pesticidas provenientes da agricultura, também podem ser contaminantes importantes. Em muitas áreas, a infiltração de contaminantes em aquíferos é lenta; a água pode levar cinquenta anos, ou mais, para alcançar aquíferos profundos. Em alguns países, o pico de utilização de fertilizantes aplicados a taxas que excederam a capacidade de absorção das plantas ocorreu nas décadas de 1970 ou 1980. Apesar da criação, desde então, de boas práticas de proteção ambiental e dos controles cuidadosos de uso de fertilizantes em zonas de captação de água subterrânea, os níveis de solutos, como o nitrato, continuam a aumentar nas águas subterrâneas. Portanto, uma vez que há grande intervalo de tempo entre a gestão superficial da terra e as alterações na qualidade das águas subterrâneas em alguns locais, nota-se que o problema das águas subterrâneas só apareceu várias décadas após o pico de uso de fertilizantes e a implementação de uma boa gestão. Uma solução para diminuir esse problema e permitir a utilização de todos os recursos hídricos é misturar as águas subterrâneas contaminadas com água que tenha concentrações relativamente baixas de solutos. Contudo, isso exigiria múltiplas fontes de água para determinada área de abastecimento, o que nem sempre é possível e, por isso, em vez disso, técnicas de remoção muito caras têm de ser aplicadas para retirar os contaminantes da água.

A urbanização e a industrialização estão associadas ao aumento das concentrações fluviais de metais, nutrientes, matéria orgânica e até sal jogado em estradas no inverno. Os veículos são responsáveis por grande parte da poluição urbana por metais e microplásticos, à medida que enferrujam e se desgastam, depositando materiais na superfície urbana. A drenagem urbana com rápida remoção das águas superficiais para os rios também resulta numa forte descarga de produtos químicos que foram acumulados na superfície quando começou a chover. O esgoto também é outro grande poluente, apesar de, em muitos países, haver técnicas sofisticadas de tratamento de águas residuais que limpam a água antes de ser devolvida aos rios. No entanto, durante fortes tempestades, sistemas de esgotos que também captam águas pluviais não conseguem dar

QUADRO 5.4 – POLUIÇÃO DAS ÁGUAS SUBTERRÂNEAS POR TAPIOCA NO SUDESTE DO VIETNÃ

Tay Ninh é uma província no sudeste do Vietnã com cerca de 4 mil quilômetros quadrados e uma população de cerca de 1 milhão. Sua agricultura é baseada no plantio de cana-de-açúcar, amendoim e mandioca. As fábricas de processamento dessas culturas ficam próximas às fazendas, mas distantes das redes de águas superficiais e, por isso, utilizam grande volume de água subterrânea extraída de aquíferos profundos. Já as casas próximas usam poços escavados (com cerca de 5-6 metros de profundidade) e perfurações (20-25 metros de profundidade) para captar águas subterrâneas de aquíferos rasos. A maioria das fábricas emprega sistemas de tanques para tratar águas residuais com alto teor orgânico provenientes do processamento de alimentos. Contudo, muitos desses tanques não foram feitos com revestimentos totalmente impermeáveis e, por isso, as águas residuais ricas em matéria orgânica adicionadas ali acabam sendo infiltradas no aquífero raso utilizado pelas comunidades locais, levando muitos dos poços de água subterrânea da região a serem considerados altamente contaminados. Altos níveis de demanda química de oxigênio – indicador-chave da qualidade da água – foram associados ao processamento de raiz de mandioca para fazer tapioca, que libera alto teor de amido e cianeto. O governo do Vietnã determinou, então, que as fábricas passassem a usar revestimentos impermeáveis para os tanques, e novas estações de tratamento foram testadas e instaladas para tratar as águas residuais. No entanto, embora as fábricas tenham sido autorizadas a inserir perfurações muito profundas para extrair água mais limpa de aquíferos mais profundos, a fim de abastecer suas operações de processamento, ainda existe um legado de poluentes que interfere na qualidade das águas subterrâneas pouco profundas. Demorará muitas décadas até que a zona de águas subterrâneas, anteriormente utilizada pelos habitantes, forneça água adequada para consumo humano.

vazão ao volume de água que entra neles e, assim, a poluição das águas dos rios ocorre à medida que os sistemas de esgotos transbordam. Mesmo durante períodos de baixo fluxo, o tratamento sofisticado pode não remover grande variedade de compostos que entraram no sistema de água pelo uso humano, tais como produtos antibacterianos, desinfetantes, antibióticos, narcóticos, retardantes de chama e alguns produtos químicos presentes em sabonetes, xampus e outros produtos de cuidado pessoal. Pesquisas demonstraram que, na maioria dos países, os microplásticos e os compostos farmacêuticos são encontrados em massas de água, muitas vezes em concentrações surpreendentemente elevadas. Alguns desses produtos químicos podem ser tóxicos para organismos aquáticos, mas ainda são necessários mais testes para avaliar os impactos de ampla gama de compostos farmacêuticos no ecossistema aquático. Alguns compostos, como hormônios presentes em uma variedade de produtos farmacêuticos, influenciam o sexo dos peixes, reduzindo a proporção de peixes machos em comparação com os peixes fêmeas. Embora a poluição luminosa geralmente não seja medida como uma variável de qualidade da água, e seja uma área de pesquisa ainda em crescimento, tem-se notado que ela também impacta na ecologia dos sistemas de água doce e nas interações entre a água e a terra. A iluminação noturna está aumentando a cada ano, e foi demonstrado que as luzes artificiais perto de lagos e rios influenciam o comportamento dos insetos e, portanto, a dinâmica da cadeia alimentar dentro e ao redor dos sistemas aquáticos. Além disso, parece que a iluminação moderna com uso de lâmpada LED, que é muito eficiente em termos energéticos, tem impactos mais fortes nos processos ecológicos do que os sistemas de iluminação tradicionais.

Costas

As zonas costeiras também estão sujeitas à poluição da água, grande parte da qual deriva dos rios poluídos que desembocam no mar, bem como da poluição causada por navios, derramamento de petróleo e alguns esgotos industriais que são descarregados em águas marítimas. Os ambientes costeiros são importantes, uma vez que 40% da população mundial vivem em um raio de 100 quilômetros da costa. Eles sustentam a pesca, os grandes ecossistemas, as atividades de lazer e a produção de energia, e atuam como importante amortecedor durante as tempestades. Como discutido no Capítulo 4, a elevação do nível do mar é uma grande ameaça para a comunidade costeira. De acordo com o relatório do IPCC de 2019 sobre o oceano e a criosfera, o nível do mar aumentou em média 16 centímetros entre 1902 e 2015, e continua aumentando entre 3,1 e 4,1 milímetros por ano. Em comparação com o período entre 1986 e 2005, espera-se que o nível do mar suba mais 43 centímetros no cenário RCP2.6 (ver Capítulo 4, para explicação dos cenários do RCP) até 2100, e 84 centímetros no âmbito do RCP8.5. Essas mudanças terão consequências terríveis para as comunidades costeiras, com aumento significativo de inundações e de erosão, e os níveis do mar, que, anteriormente, atingiam seu ponto máximo uma vez por século, atingirão o pico, em média, uma vez por ano até 2100. Portanto, é importante compreender a geografia física das regiões costeiras para que possamos antecipar e nos adaptar às mudanças.

Ondas

As ondas são o elemento mais importante dos ambientes costeiros, pois impulsionam diversos processos de transporte de sedimentos e, portanto, as entradas e saídas de sedimentos de uma área, que, por sua vez, moldam os acidentes geográficos da costa. Elas são geradas pelo vento (vento mais forte resulta em ondas maiores) e podem percorrer grandes distâncias através dos oceanos. As condições do vento, a partir de determinada distância da costa, influenciam as ondas costeiras. As ondas podem ser medidas pela sua altura H (distância entre o topo e a base da superfície da onda), comprimento L (distância entre picos – cristas – de ondas sucessivos) (Figura 5.8) e período (tempo entre dois picos ou vales de onda que passam por um ponto).

Seu comportamento depende da profundidade da água no oceano (Figura 5.8). Onde a profundidade é superior ao dobro do comprimento das ondas, a água abaixo da superfície move-se em círculos à medida que as ondas se propagam: para frente sob a crista e para trás sob o vale. O diâmetro dos círculos diminui com a profundidade até que, em águas profundas, o movimento das ondas não seja mais detectável. Em águas intermediárias, onde a profundidade está entre o dobro e um vigésimo do comprimento da onda, o movimento das ondas é afetado pelo atrito no fundo do mar, fazendo que o movimento da água sob as ondas seja mais elíptico, com as elipses menores e mais planas perto do leito, de modo que, no leito, a água apenas se move para frente e para trás. Em águas rasas, muito próximas da costa, onde a profundidade da água é inferior a um vigésimo do comprimento da onda, o movimento da água é apenas horizontal na direção de vaivém. Portanto, à medida que as ondas se movem de águas profundas para rasas, elas aproximam-se e diminuem a velocidade, e também ficam mais altas (**empolamento de onda**). Seu formato também muda: de uma onda mais simétrica para uma com cristas mais pontiagudas e vales mais planos. Em áreas profundas, o movimento da água produzido pelas ondas é para frente e para trás na mesma velocidade, ou seja, é a forma das ondas e a sua energia que se move através do oceano, e não a água no interior das ondas. No entanto, perto da costa, o lado da onda voltado para a costa é mais forte, por isso, o transporte de sedimentos é favorável nessa direção. A **refração** das ondas ocorre à medida que a onda se move perto da costa, quando a seção da onda em águas mais rasas se move mais lentamente, por causa do atrito no fundo do mar, do que a seção da onda em águas mais profundas. O resultado é que a crista da onda gira, ficando paralela aos contornos do fundo do mar, de modo que a direção da onda "dobra" à medida que se aproxima da costa.

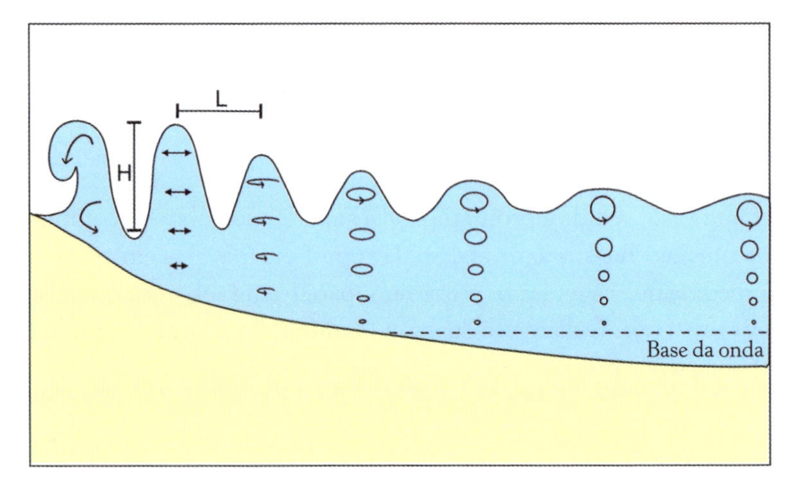

Figura 5.8 – A altura das ondas aumenta perto da costa à medida que a profundidade da água diminui. Os movimentos circulares da água tornam-se mais elípticos e quase horizontais muito perto da costa. A altura (H) e o comprimento (L) da onda, indicados, são medidas variáveis.

Quando a profundidade do mar é ligeiramente maior que a altura da onda, a onda se quebra, criando uma área conhecida como **zona de arrebentação**. A energia liberada pela rebentação das ondas pode ser suficiente para gerar correntes próximas da costa e transporte de sedimentos. Quando as ondas quebram, o nível da água na praia (*swash*) aumenta, depois a água retorna (*backwash*) descendo a encosta até o mar. O *swash* transporta mais sedimentos do que o *backwash* e, portanto, ajuda a manter a inclinação da praia.

As correntes costeiras são importantes para a formação do relevo nas áreas costeiras. Elas ganham energia com a quebra das ondas e, portanto, se as ondas forem mais fortes (por exemplo, durante tempestades), as correntes serão mais fortes. As correntes litorâneas fluem paralelamente à costa dentro da zona de arrebentação, impulsionadas pelas ondas que entram nessa área com suas cristas alinhadas em ângulos oblíquos em relação à linha da costa (Figura 5.9), e são afetadas pelos ventos (podem ser particularmente fortes quando os ventos sopram na mesma direção que elas). O efeito líquido do movimento de sedimentos associado às correntes litorâneas é que grande quantidade de sedimentos se movem ao longo da costa, processo conhecido como **deriva litorânea**. Outro tipo de corrente costeira, o qual todos aqueles que nadam ou surfam em águas próximas da costa devem conhecer, é a corrente de retorno. Ela é caracterizada por ser forte e estreita, flui em direção ao mar e retorna através das lacunas entre os bancos de areia. Como as ondas se aproximam em ângulo oblíquo, a água se acumula e, depois, retorna pela zona de arrebentação em pontos específicos.

Um último tipo de onda importante é o **tsunami**. Apesar de ser raro, pode resultar em uma onda gigantesca que inunda zonas costeiras e provoca enormes perdas de vidas, como ocorreu quando, em 26 de dezembro de 2004, um tsunami, causado por um terremoto próximo da costa do Oceano Índico, deslocou as águas profundas do oceano, matando cerca de um quarto de milhão de pessoas. Essa onda gigante matou pessoas perto do terremoto (Indonésia, Tailândia e Malásia), mas também a grandes distâncias (Índia, Sri Lanka, Somália, Quênia e Tanzânia). Os tsunamis podem ainda ser causados por um grande deslizamento de terra que entra no mar, como o que ocorreu após a erupção do vulcão Krakatoa em 1883, na Indonésia, matando 33 mil pessoas, e o tsunami no Estreito de Sundra, também na Indonésia, em 2018, onde mais de quatrocentas pessoas morreram. Quando um tsunami atravessa as profundezas do oceano, normalmente pode ter apenas alguns centímetros de altura (60 centímetros após duas horas, em 26 de dezembro de 2004), mas viaja rapidamente a cerca de 500-1.000 quilômetros por hora. Quando atingem águas mais rasas e se aproximam da terra, as ondas do tsunami diminuem, fazendo que a água se retraia repentinamente para o mar e, quando a onda finalmente volta a se dirigir para a costa, pode atingir dezenas de metros de altura.

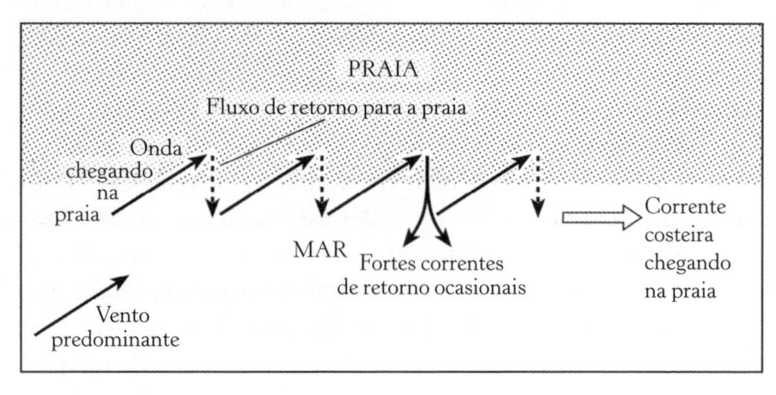

Figura 5.9 – Corrente costeira produzida pelas ondas que chegam em ângulos oblíquos à costa.

Marés

As marés são impulsionadas pela atração gravitacional da Lua e do Sol sobre a Terra, e seus ciclos diário e mensal são previsíveis. A Terra e a Lua exercem uma força gravitacional uma sobre a outra, que é contrabalanceada por forças associadas à rotação orbital da Terra. Em teoria, a força exercida por causa da rotação da Terra é igual em toda a superfície do planeta, exceto onde a atração gravitacional lunar age e a reduz ligeiramente. Essa redução abaula a superfície oceânica no ponto mais próximo da Lua, e do lado oposto do planeta um abaulamento de equilíbrio é formado pelas forças de rotação terrestre. Ou seja, existem dois abaulamentos e, portanto, duas marés por dia. A maré sobe e desce à medida que um ponto da Terra gira para longe da Lua e em direção à linha direta da atração gravitacional lunar. A força gravitacional do Sol introduz uma dimensão mensal extra ao ciclo de marés: à medida que a posição da Lua em relação ao Sol muda ao longo do mês lunar (a Lua leva 28 dias para girar em torno da Terra), os dois corpos celestes se alinham ou se opõem um ao outro. Durante as fases de lua cheia e nova, as forças gravitacionais solar e lunar puxam na mesma direção, abaulando a superfície oceânica ainda mais e elevando o coeficiente de marés, conhecidas como **marés vivas**. Durante as fases de meia-lua, o Sol e a Lua se movem em direções opostas, resultando em coeficiente moderado de maré, conhecidas como **marés mortas**. O impacto da atração gravitacional nas marés depende da forma e da topografia da costa. Em alguns locais, a maré pode subir e descer vários metros, enquanto em outros, é quase imperceptível. As maiores amplitudes estão associadas a áreas restritas onde existem vias marítimas estreitas que ligam o mar ao oceano, como a Baía de Fundy, Canadá (alcance de maré de 17 metros) ou o Mar da Irlanda (alcance de maré de 13 metros no Estuário do Severn), ou onde existem amplas plataformas continentais, como ao largo da costa leste da China. Nas costas voltadas para o oceano aberto, a amplitude das marés é geralmente inferior a 2 metros.

À medida que a maré sobe e desce em relação à costa, produz um fluxo de água chamado **corrente de maré**. Se jogarmos um pau na água durante a maré alta, ele será empurrado para cima na praia. No entanto, se jogarmos no mesmo ponto durante a maré vazante, o bastão muitas vezes flutuará para o mar à medida que a corrente da maré o afasta da costa. A geometria da linha costeira pode controlar a corrente das marés, que é mais pronunciada na foz dos rios, estuários e onde o fluxo é comprimido nas entradas. Um **furo de maré** pode ocorrer em locais como a Baía de Fundy ou o Rio Qiantang, na China, nos quais a borda principal da maré cria uma contracorrente ao longo da foz de rios rasos, que é temporariamente mais forte do que o fluxo do rio vindo de terra, resultando no aparecimento de uma crista de onda que se move rio acima.

Durante fortes tempestades, quando o nível da água costeira é superior ao nível normal das marés, ocorre o fenômeno maré de tempestade, ou ressaca. Trata-se de formação de ondas que, durante os ciclones, podem atingir vários metros de altura, dependendo da pressão atmosférica, do vento terrestre e da geometria costeira. Isso se deve porque não só as tempestades estão associadas à baixa pressão como o nível do mar aumenta 1 centímetro para cada queda de milibar na pressão atmosférica; se o vento soprar em direção à costa, os níveis da água podem ser forçados a subir contra a praia; e costas de gradiente raso com entradas em forma de funil podem ser extremamente propensas a tempestades, como no Mar do Norte ou na Baía de Bengala. As ressacas estão causando danos generalizados e graves inundações nas zonas costeiras. A elevação do nível do mar, combinada com o aumento da intensidade das tempestades, considerando as mudanças climáticas, significa que as ressacas poderão ser mais comuns e prejudiciais no futuro.

Relevos costeiros

Os fatores que ajudam a moldar os relevos costeiros incluem ondas, marés e rios, sendo a natureza da matéria terrestre também um fator importante (por exemplo, rocha dura ou sedimentos soltos erodíveis). Há diferentes formas de relevo características de regiões onde dominam ondas, marés ou processos fluviais. Por exemplo, um aspecto comum das costas dominadas pelas ondas é uma praia, talvez com dunas.

As praias são formadas por depósitos de sedimentos trazidos por ondas e, em geral, apresentam perfil côncavo. Perto do topo da praia fica a **berma**, onde a encosta fica mais íngreme e depois mais plana. No interior da praia, muitas vezes pode haver cúspides praiais ou cascalho na costa, elementos também presentes a poucos metros de distância, formados pela ação de ondas. As praias respondem às mudanças de energia das ondas. Quando o tempo está calmo e a energia das ondas é baixa, o transporte líquido de sedimentos ocorre na direção da costa, resultando no declive da praia e uma berma pronunciada. Em condições de tempestade, o transporte líquido de sedimentos *offshore* (sedimentos localizados abaixo do nível de base das ondas) ocorre com a destruição da berma e o achatamento da praia, dissipando a energia das ondas em uma área mais ampla.

As dunas protegem a área costeira atrás delas, fornecendo um obstáculo contra ondas e ventos extremos. Sua formação requer a combinação de vento – os ventos terrestres que transportam sedimentos devem ocorrer por longos períodos – e grande quantidade de areia (ver Capítulo 2). As dunas muitas vezes se desenvolvem logo acima da linha da alta maré viva, onde se acumulam detritos, como algas marinhas e madeira, que, retendo a areia, ajudam na formação de pequenas dunas. Uma vez que essas protodunas começam a se formar, elas podem aumentar, especialmente quando plantas crescem dentro delas, permitindo que a areia fique presa ao redor da vegetação e atinja altura mais elevada. As dunas podem crescer de forma relativamente rápida nas condições certas, atingindo 2 metros de altura após apenas cinco anos (ver também a seção "Erosão" no Capítulo 2).

Ao largo da costa, em ambientes dominados pelas ondas, barreiras geográficas podem ser formadas, incluindo ilhas barreira e lagoas. Esses tipos de relevo extremamente dinâmicos estão presentes em cerca de um oitavo da costa mundial e há muitos exemplos famosos, como os da costa atlântica da Florida, na costa dos Países Baixos, do Ártico e da Carolina do Norte (Figura 5.10). As barreiras ajudam a proteger as áreas interiores da energia das ressacas marítimas e representam grande acúmulo de bancos de areia em movimento em terra. Como pode ser visto na Figura 5.10, as barreiras formam longas sequências de cadeias de ilhas paralelas pontuadas por entradas de maré que permitem a transferência de água e sedimentos entre o mar aberto e as lagoas atrás da barreira. Algumas barreiras estão alinhadas com a direção do *swash*, enquanto outras estão alinhadas com a direção predominante das correntes litorâneas. Por exemplo, um **cordão litorâneo** é uma estreita acumulação de areia ou cascalho com uma extremidade ligada ao continente e a outra projetando-se no mar ou através da foz de um estuário ou baía. Os cordões litorâneos crescem na direção da deriva litorânea e só podem existir onde há suprimento regular de sedimentos.

Figura 5.10 – Ilhas barreira ao redor do Cabo Hatteras, Carolina do Norte. A lagoa protegida pode ser vista entre o continente e as ilhas barreira. A imagem representa uma distância de 70 quilômetros de largura.

Fonte: Jesse Allen. "Cape Hatteras National Seashore". *Observatory Earth NASA*. Disponível em: https://earthobservatory.nasa.gov/images/88619/cape-hatteras-national-seashore. Acesso em: 4 jun. 2024

Os estuários são locais de foz de rios onde depósitos sedimentares de fontes fluviais e marinhas influenciam a formação de relevo. Após o último período glacial, os níveis do mar aumentaram em torno da foz dos rios à medida que o gelo derreteu, estabilizando há aproximadamente 6 mil anos (embora o nível do mar esteja novamente aumentando com as mudanças climáticas contemporâneas). O preenchimento dos estuários ocorreu porque os sedimentos da terra e do mar poderiam inundar as novas águas profundas na foz do rio. Os estuários têm três zonas amplas: uma parte superior, uma média e uma externa. Os processos fluviais dominam a parte superior do estuário, enquanto os processos marinhos dominam a parte externa. A seção intermediária é mista. O mesmo volume de água marinha sai do estuário durante a maré vazante e entra durante a maré alta. No entanto, a duração e a força da maré ascendente e descendente tendem a ser diferentes. Estuários ou seções de canais cuja maré cheia é mais rápida e mais forte do que a maré vazante são considerados dominantes na inundação, enquanto os que apresentam uma maré vazante maior são dominantes na vazante. A dominância das cheias ou vazantes influencia se o transporte líquido de sedimentos é para a terra ou para o mar, respectivamente. Estuários com predominância de cheias enchem os seus canais de entrada empurrando continuamente os sedimentos costeiros para a terra, muitas vezes fazendo que a saída fique obstruída. Isso significa que a batimetria da boca do estuário muda regularmente, o que dificulta a sua navegação. Já estuários com predominância de vazante tendem a descarregar sedimentos em direção ao mar e são ambientes mais estáveis para navegação.

A zona externa na maioria dos estuários é desprovida de vegetação por causa do excesso de sedimentos e do movimento da água. Mais adiante no estuário, contudo, podem crescer plantas tolerantes ao sal. Em ambientes tropicais, os sistemas de mangue podem ser predominantes e, em ambientes temperados há pântanos salgados. Esses ecossistemas aumentam significativamente a deposição de sedimentos devido ao fornecimento constante de matéria orgânica das plantas, o que resulta na elevação de altitude dessas regiões ao longo do tempo, à medida que o sedimento se acumula. Em geral, esses ambientes acompanham o nível do mar, desde que estejam protegidos dos danos humanos, porque o acúmulo ocorre a um ritmo maior do que a elevação das águas marinhas. Tais efeitos foram recentemente observados na costa sudoeste da Flórida, onde a elevação do nível do mar está levando a um maior crescimento dos mangues, com acúmulo adicional de carbono nos sedimentos e aumento da altitude do sistema ao longo do tempo para acompanhar o nível do mar.

Embora não existam muitos deltas, uma vez que tendem a estar associados apenas a grandes sistemas fluviais (por exemplo, os rios Mississippi, Ganges, Lena, Nilo), grandes populações vivem em regiões ao redor deles. Deltas são acidentes geográficos costeiros dominados por processos fluviais cujo movimento das águas segue em direção ao mar. Eles são resultados de acúmulos de sedimentos depositados onde os rios desaguam no mar, em que a quantidade de sedimentos entregue pelo rio é maior do que a removida pelas ondas e marés. Os sedimentos mais grossos são depositados perto da foz do rio e os mais finos depositam-se mais próximos ao mar. Os deltas são muito dinâmicos, e sua sobrevivência e seu desenvolvimento contínuos dependem do fornecimento ativo de sedimentos pelo rio. À medida que uma área do delta cresce para cima por causa da acumulação de sedimentos, os canais fluviais deixam de fluir para essa área elevada e, assim, as águas seguem por outras seções do delta, fornecendo sedimentos para outros locais. A falta de sedimentos em algumas áreas pode, então, levar à erosão líquida por meio da ação das ondas e das marés. Esse dinamismo cria condições perigosas para os humanos que vivem nos deltas.

Apesar de as costas rochosas serem vistas como formas de relevo sólidas e mais estáveis, na realidade são resultado de processos erosivos que formam paisagens deslumbrantes, com penhascos escarpados, colunas isoladas, arcos e cavernas. Apesar da taxa média de erosão ao longo das costas rochosas ser lenta, algumas mudanças são repentinas, como os deslizamentos de terra. A erosão da costa rochosa ocorre por meio de movimentos de massa, processos de intemperismo e de transporte de rochas. Os movimentos de massa (ver Capítulo 2) são comuns devido a encostas íngremes. As quedas de rochas são eventos que ocorrem quando as rochas são duras, os deslizamentos de terra normalmente acontecem em depósitos espessos de argila, xisto ou marga, e os fluxos, quando há um alto conteúdo líquido. O congelamento e o degelo, o umedecimento e a secagem, o intemperismo químico e a abrasão mecânica e a força da água que causam erosão das encostas rochosas por processos ondulatórios são os principais impulsionadores do movimento de massa (ver Capítulo 2). Em geral, uma vez removido o material da face da falésia para o solo, ele pode ser retirado por processos de transporte costeiro, deixando a base das falésias sem proteção durante muito tempo por causa dos detritos caídos. As **plataformas costeiras** desenvolvem-se quando a erosão de uma costa rochosa deixa para trás uma superfície rochosa horizontal ou suavemente inclinada.

Os recifes de coral são ambientes deposicionais, apesar de localizados em sistemas de ondas de alta energia. São as maiores formações construídas biologicamente na Terra, e consistem em calcário criado por animais para construir suas conchas. Quando os corais morrem, deixam para trás o calcário dos seus esqueletos, e o sedimento pode acumular-se ao longo de milhares de anos. Os recifes de coral existem em um equilíbrio muito delicado entre a erosão e a construção biológica. Sem a presença de organismos vivos, os recifes não existiriam porque o intemperismo e a erosão das ondas destruiriam os relevos. Há corais em todo o mundo, mas os corais construtores de recifes só são encontrados nas regiões subtropicais, entre 30° N e 30° S.

Recifes de coral são formados em dois ambientes principais. O primeiro está perto da plataforma continental, onde as profundidades da água são inferiores a 200 metros, como na Grande Barreira de Corais, na costa nordeste de Queensland, na Austrália. O segundo se eleva a vários quilômetros do fundo do oceano e em torno das bordas de ilhas vulcânicas, acima de pontos quentes (ver Capítulo 2 para explicação sobre a formação de ilhas oceânicas em áreas quentes). Frequentemente, quando o vulcão se extingue, a ilha sofre erosão e afunda no oceano porque a crosta oceânica sobre a qual o vulcão repousa esfria e toda a crosta afunda à medida que se afasta da dorsal meso-oceânica em direção à zona de subducção onde se encontra com a crosta continental (ver Capítulo 2, Figura 2.1). No entanto, o crescimento dos corais acompanha a taxa de afundamento da ilha e, portanto, nesse caso, uma grande cama de calcário se forma no topo da base vulcânica. O fundamental é saber se o crescimento vertical dos recifes pode acompanhar a queda do nível da terra ou a elevação do nível do mar.

Atóis são recifes que circundam uma lagoa central, principalmente nos oceanos Índico e Pacífico. Em geral, são circulares e variam de 75 quilômetros de largura a menos de 1 quilômetro. Acredita-se que muitos tenham se desenvolvido em torno da borda de uma ilha vulcânica; à medida que o vulcão afundou no oceano, o coral conseguiu manter o crescimento, embora apenas nas bordas onde havia se desenvolvido anteriormente. Assim, a porção central da ilha é em grande parte desprovida de recifes, e forma-se uma lagoa pobre de nutrientes, pois a ação das ondas é restrita e, portanto, o crescimento de recifes, limitado.

Gestão costeira

Além da elevação do nível do mar, os gestores costeiros têm de lidar com os processos naturais de erosão e de deposição, bem como os criados pela ação humana (por exemplo, a erosão das praias por causa da extração de areia da costa, o que impede a deriva litorânea de sedimentos). Muitas soluções de gestão costeira envolvem engenharia de proteção, como paredões, quebra-mares e espigões. Os muros marítimos são estruturas grandes e caras, geralmente feitos de concreto, aço ou madeira, muitas vezes com uma face curva. Como os muros de proteção limitam a zona de praia, eles impedem o processo habitual de alteração dos perfis de praia (alongamento/achatamento) durante períodos de tempestade, e de inclinação durante períodos de calmaria. Os muros marítimos também refletem as ondas, assim, em vez de dissipar a energia, ocorre mais erosão em diversos pontos ao longo da costa, para além da extensão do muro. Uma resposta comum é estender ainda mais o paredão, o que apenas desloca o problema da erosão para ainda mais ao longo da costa. Por exemplo, na estância balneária de Blackpool, Inglaterra, um quebra-mar foi construído no século XIX, e 150 anos depois, conforme a erosão se desenvolvia ao longo da costa a partir do muro de Blackpool, quase 80 quilômetros do litoral tinham um quebra-mar instalado.

Uma estratégia alternativa aos muros marítimos é reduzir a entrada de energia das ondas com a instalação de quebra-mares submersos paralelos à costa que fazem as ondas se quebrarem mais longe da terra. Essas estruturas devem ser porosas, o que permite a passagem de sedimentos através delas, e geralmente são construídas em série para proteger um trecho da costa. Sua instalação é muito cara porque, como são colocadas na parte mais ativa da zona próxima à costa, devem resistir à ação extrema das ondas. Outra solução para diminuir a erosão costeira é a construção de praias artificiais, depositando artificialmente sedimentos na praia ou na zona costeira, com o objetivo de avançar a linha costeira em direção ao mar. Contudo, essa interferência pode muitas vezes tratar os sintomas e não as causas do problema da erosão, e a alimentação da praia pode ser seguida de erosão líquida. Funcionários de Miami Beach, Flórida, gastam milhões de dólares a cada poucos anos transportando areia para reabastecer a praia. Em geral, a areia utilizada para alimentação deve ser mais grossa do que o sedimento local, para minimizar a rápida perda de sedimentos para o mar. Os **espigões** são frequentemente instalados nas praias para reter os sedimentos que se deslocam pela deriva litorânea, no entanto, caso eles sejam soterrados por sedimentos, a deriva litorânea pode recomeçar. Um problema com os espigões é que às vezes as correntes de retorno se desenvolvem no lado descendente e, por consequência, movem os sedimentos para o mar e para longe do sistema de praia. Portanto, para neutralizar esse efeito, alguns espigões são construídos com curvas. Os molhes são construídos para alinhar as margens das entradas das marés ou saídas dos rios com a finalidade de estabilizar a hidrovia para navegação. No entanto, eles muitas vezes estimulam a deposição no lado ascendente e a erosão a jusante, como ocorreu na década de 1920, em Santa Bárbara (Estados Unidos), onde o porto foi tomado por sedimentos, deixando toda a comunidade que vivia abaixo na costa sob risco de erosão costeira.

Em geral, há quatro estratégias principais para lidar com a erosão costeira e a elevação do nível do mar: não fazer nada, abandonar, adaptar ou proteger. A primeira opção pode ser a mais cara, pois deixa infraestruturas e pessoas em risco e, por isso, só pode ser realista se a área for muito pouco povoada. O abandono ocorre quando as pessoas e a indústria deixam a zona costeira e em direção ao interior, e quando o desenvolvimento costeiro é impedido. Adaptar envolve desenvolver projetos na paisagem para lidar com as mudanças, como construir casas sobre palafitas ou fornecer sistemas de alerta. Por fim, proteger envolve a elaboração de soluções de engenharia, como quebra-mares, com grandes comportas para evitar a entrada de marés muito altas em estuários. Os desafios para a gestão costeira são enormes porque o sistema é dinâmico, o que demanda fluxos de sedimentos, água e energia, e, ao interferir nesses elementos, toda a costa altera. Algumas zonas costeiras respondem atualmente mais às mudanças de curto prazo causadas pela ação humana (ver Quadro 5.5), enquanto outras ainda respondem às mudanças no nível do mar desde que o recuo dos mantos de gelo começou no final do último período glaciar, há cerca de 18 mil anos.

QUADRO 5.5 – A GESTÃO DO RETIRO COSTEIRO NA ÁFRICA OCIDENTAL

Ao longo da costa da África Ocidental, o recuo com taxas entre 1 e 2 metros por ano é uma grande ameaça. Em alguns locais onde os manguezais foram removidos pela atividade humana, a costa pode recuar dezenas de metros por ano. Os manguezais costumam ser removidos para obtenção de lenha e para ampliar as áreas agrícolas. No entanto, a erosão costeira pode ser devastadora para as economias locais; na África Ocidental, 40% do produto interno bruto está relacionado à atividade costeira, incluindo cidades, portos, pescas, produção de petróleo e processamento de alimentos. Para combater a erosão costeira, grandes investimentos têm sido aplicados em engenharia de proteção (apenas 3% são destinados a soluções baseadas na natureza). No entanto, recomendações recentes têm enfatizado a importância de proteger os sistemas naturais, como os manguezais, que fornecem proteção vital às costas, retendo sedimentos, elevando a superfície terrestre e protegendo contra tempestades. A criação do West Africa Coastal Areas Management Program (Programa de Gestão das Áreas Costeiras da África Ocidental) tem sido importante meio para a realização de atividades partilhadas nas regiões costeiras da região. A proteção e o plantio de manguezais já começaram, e trabalhos gerais estão em andamento para melhor compreensão dos riscos, a fim de informar políticas e planos e conceber soluções econômicas de redução desses riscos. Também estão sendo desenvolvidos projetos para combinar infraestruturas físicas com soluções baseadas em ecossistemas – como a preservação dos manguezais – e planejamento adequado do uso do solo, passando de uma estratégia pura de "resistência" para a consideração de acomodação e recuo gerenciado.

Para obter mais informações, consulte o *site* do programa. Disponível em: www.wacaprogram.org. Acesso em: 4 jun. 2024.

Gelo

Atualmente, o gelo encontra-se principalmente em grandes mantos de gelo na Antártida e na Groelândia, em calotas polares, no gelo marinho sobre o Polo Norte e em geleiras de vales em terra. Também existe em grandes quantidades em solo congelado (permafrost), e produz formas de relevo características em regiões frias. Se a quantidade de gelo presente atualmente no manto de gelo da Groelândia derretesse, isso elevaria o nível do mar em todo o mundo em 7 metros. Os mantos de gelo formam-se em áreas muito grandes, do tamanho de continentes, e têm normalmente alguns quilômetros de espessura. Fluem lentamente, embora possam existir rios de gelo que se movem mais rapidamente dentro deles. Na Antártida, as correntes de gelo que se movem mais rapidamente alimentam as plataformas de gelo (formações de gelo flutuante que, depois, derretem no oceano ou se desprendem e flutuam).

Dinâmica das geleiras e dos mantos de gelo

As geleiras são muito menores que os mantos de gelo, cobrem vales isolados em terra, mas estão presentes em todos os continentes. As geleiras são formadas em regiões montanhosas onde a neve se acumula a uma taxa mais rápida do que pode ser derretida, o que requer bom suprimento de precipitação e condições frias. Uma geleira típica tem zona de acumulação no topo, onde as taxas de ganho são maiores que as de perda, e **zona de ablação** na parte inferior, onde as taxas de perda são maiores que as taxas de ganho. A perda de gelo na saída da geleira ocorre principalmente por degelo, mas às vezes, se a geleira fluir diretamente para o mar, os icebergs podem se quebrar e flutuar antes de derreter.

Há uma diferença entre gelo quente e gelo frio que é determinada pelo fato de o ponto de degelo diminuir com o aumento da pressão. A uma profundidade de 1 quilômetro dentro de uma camada de gelo, o ponto de fusão do gelo ocorre a uma temperatura mais fria de –0,7 °C, em vez de 0 °C. Portanto, quanto mais espessa for a massa de gelo, maior será a probabilidade de produzir água em profundidade, no **ponto de fusão por pressão**. O gelo quente está no ponto de fusão por pressão e contém água líquida, enquanto o gelo frio ocorre em temperaturas abaixo do ponto de fusão por pressão e não contém água líquida. O conceito de ponto de fusão por pressão é importante para entender o que acontece dentro e na base da massa de gelo, explicando como a água ajuda as geleiras a se moverem sobre seu leito. Há gelo quente em todas as geleiras temperadas, exceto perto da superfície da geleira, que fica fria no inverno. O gelo frio ocorre em geleiras frias. Se o leito glacial estiver frio, não há fluxo de água e, portanto, ocorre menos deslizamento e deformação dos sedimentos do que sob uma base de gelo quente. Em algumas regiões, o calor liberado pela Terra, produzido pela atividade tectônica, pode derreter o gelo na base de uma massa de gelo. Existem mais de quatrocentos lagos abaixo do manto de gelo da Antártida, sendo que o maior está 4 quilômetros abaixo da superfície do gelo e cobre cerca de 14 mil quilômetros quadrados. Pouco se sabe sobre eles, e é difícil estudá-los devido à sua localização. Uma das teorias por trás de sua existência é que eles são aquecidos pelas atividades geotérmica e tectônica que ocorre abaixo. Muitos estão isolados da atmosfera há milhões de anos, mas, ainda que não se saiba se contêm formas antigas de micróbios vivos, até o momento a perfuração encontrou, em um desses lagos, restos de crustáceos, o que comprova ter havido vida nesse ambiente.

A água é produzida na superfície de muitas geleiras no verão. A menos que congele novamente, a água derretida infiltra-se na neve e corre pela superfície da geleira, fluindo encosta abaixo ao longo da superfície do gelo até emergir como uma série de pequenos riachos, que criam canais pequenos na superfície. A água pode fluir para a saída ou para dentro da geleira por túneis. Existem dois tipos de canais abaixo das geleiras, formados pela água que desce da superfície até o leito: canais Nye (N), formados na rocha, e canais Röthlisberger (R),[2] formados acima no gelo.

2 Em referência a John Frederick Nye, glaciologista e físico inglês (1923-2019), e Hans Röthlisberger, glaciologista suíço (1923-2009), ambos associados à explanação dos mecanismos de fluxo das geleiras e do fluxo de água abaixo delas e no seu interior. (N. T.)

Para mover o gelo da zona de acumulação para a zona de ablação, a geleira deve fluir fisicamente encosta abaixo. Há três mecanismos pelos quais as geleiras fluem: deformação interna ou fluência (fluxo plástico), deslizamento (deslizamento basal) e deformação do leito. A tensão aplicada sob a ação da gravidade faz que o gelo se deforme e se desloque, mas, embora a taxa de fluência seja muito menor para o gelo frio do que para o gelo quente, a fluência é, em geral, um processo lento. Uma vez atingido o ponto de fusão sob pressão no leito da geleira, o deslizamento pode ocorrer porque a presença de água reduz o atrito. Se o leito de uma geleira estiver frio, o deslizamento será restrito. As bases das geleiras costumam ter obstáculos rochosos e, nesse caso, pode ocorrer o **regelo**. Esse processo ocorre porque, quando o gelo flui em torno dos obstáculos no leito, a pressão a montante do obstáculo fica maior do que no lado a jusante. O aumento da pressão diminui o ponto de fusão do gelo a montante do obstáculo e, então, a água derretida flui ao redor do obstáculo para o lado a jusante de baixa pressão, onde congela novamente porque o ponto de fusão é mais alto. Esse mecanismo permite, portanto, que o gelo ultrapasse o obstáculo. O regelo é limitado pela condução de calor, o que é melhor para pequenos obstáculos. O processo de regelo é importante porque muitas vezes faz que os obstáculos congelem na base e depois se movam com a massa de gelo. Quando uma camada de gelo ou geleira assenta sobre sedimentos moles, o movimento dessas matérias também contribui para a movimentação do gelo à medida que os sedimentos se deformam. Essa é a deformação do leito.

A taxa de movimento dos glaciares e dos mantos de gelo varia muito (Quadro 5.6). As geleiras temperadas geralmente fluem a dezenas de metros por ano, enquanto as geleiras frias fluem a taxas de 2 metros, ou menos, por ano. Algumas correntes de gelo de fluxo rápido podem se mover várias centenas de metros por ano por deslizamento rápido ou sobre sedimentos que estão se deformando. Cerca de 1% dos glaciares passam por fases repentinas de subida e depois por períodos calmos e lentos. Por exemplo, em Svalbard, no Ártico, os períodos lentos podem durar cerca de um século, enquanto os rápidos podem durar de um a cinco anos. Em 1953, a geleira Kutiah, no Paquistão, avançou 12 quilômetros em apenas três meses. Não se sabe ao certo por que esse aumento ocorre, mas é provável que seja resultado de uma combinação de fatores, incluindo o acúmulo de água derretida que escorre e se acumula no leito.

QUADRO 5.6 – AS OBSERVAÇÕES POR SATÉLITE DE PERDA DOS MANTOS DE GELO

Acredita-se que o derretimento de duas importantes reservas terrestres de gelo seja o principal contribuinte para a elevação do nível do mar: os mantos de gelo da Antártida e da Groelândia. Esses sistemas são tão vastos que é difícil analisar a massa de gelo e como ela tem mudado com base em dados de observações terrestres. Portanto, temos de nos basear em observações de satélite sobre mudanças na elevação, movimento e espessura do gelo para coletar dados importantes sobre as mudanças que vêm ocorrendo nos mantos de gelo. Um estudo recente publicado na *Nature* pela equipe de cientistas do Ice Sheet Mass Balance Inter-comparison Exercise (Imbie) (Shepherd et al., 2020) usou 26 diferentes medições de satélite de mudanças de altitude, velocidade e potencial gravitacional do manto de gelo da Groenlândia para comprovar que há potencial gravitacional para produzir uma estimativa combinada do seu equilíbrio de massa. Os pesquisadores desse estudo mostraram que o manto de gelo da Groelândia estava em estado aproximado de equilíbrio no início da década de 1990 (as entradas provenientes da precipitação eram aproximadamente iguais às saídas do derretimento), mas que as perdas anuais líquidas aumentaram desde então, atingindo um pico de 345 ± 66 mil milhões de toneladas por ano em 2011. As perdas desde 1992 fizeram que o nível médio global do mar subisse 10,8 ± 0,9 milímetros, tornando-o o maior contribuinte individual para o aumento do nível do mar. A taxa de perda de gelo variou de 26 ± 27 gigatoneladas por ano entre 1992 e 1997, atingindo um pico de 275 ± 28 gigatoneladas por ano entre 2007 e 2012, e reduzindo para 244 ± 28 gigatoneladas por ano entre 2012 e 2017. Cerca de metade das perdas de gelo foi resultado do aumento do derretimento associado a condições atmosféricas e oceânicas mais quentes, e a outra metade pode estar relacionada ao fluxo mais rápido de algumas das principais geleiras de saída do manto de gelo.

Um estudo de acompanhamento realizado por King et al. (2020) usou dados de satélite que indicam a velocidade da geleira de saída, elevação e mudanças de posição frontal em todo o manto de gelo. As alterações não são distribuídas uniformemente pelo manto de gelo (Figura 5.11). Os pesquisadores descobriram que o aumento da descarga glacial ocorreu quase inteiramente por causa do recuo das frentes glaciais, e não dos processos interiores do manto de gelo. Esse recuo generalizado entre 2000 e 2005 resultou em um grande aumento na descarga e na alteração do estado dinâmico de perda sustentada de massa, que tem continuado desde então.

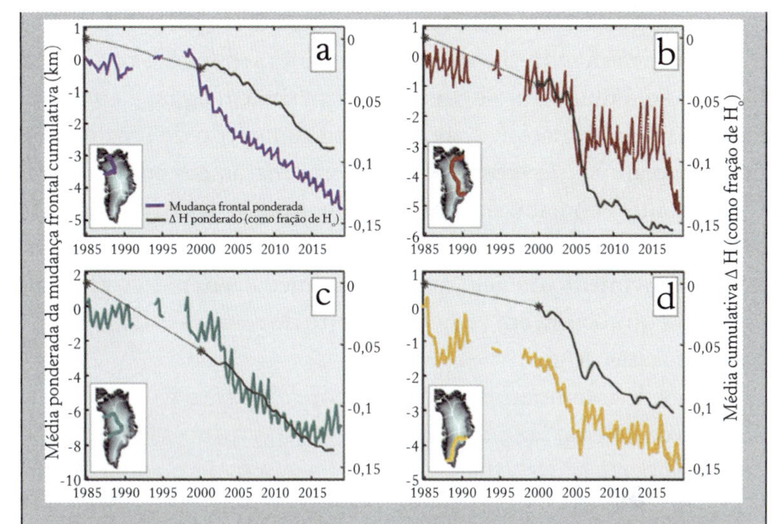

Figura 5.11 – Tendências regionais líquidas na espessura do gelo (curvas pretas) e posição da frente de gelo (curvas coloridas) em (a) noroeste, (b) centro-leste, (c) centro-oeste e (d) partes do sudeste do manto de gelo da Groelândia, com as cores correspondentes aos locais mapeados. Valores negativos no eixo y esquerdo indicam recuo acumulado líquido durante o período de estudo. Linhas cinzentas pontilhadas mais claras entre os dois pontos marcados com asterisco indicam interpolação linear entre dois pontos de dados esparsos. A tendência aparente durante esse período deve ser tratada com cautela.

Fonte: King et al., 2020.

Para mais informações sobre os estudos mencionados, consulte os artigos de pesquisa originais citados. Para obter informações mais recentes, visite também o *site* do Imbie (disponível em: http://imbie.org e o site; acesso em: 5 jun. 2024) e do Centre for Polar Observation and Modelling (disponível em: https://cpom.org.uk; acesso em: 5 jun. 2024).

Relevos glaciais

A erosão glacial remove enormes volumes de rocha e forma relevos característicos. Caso haja pontos fracos na rocha, a massa de gelo pode esmagá-las, produzindo sedimentos angulares, que serão transportados para o glaciar. O processo pelo qual uma geleira remove grandes pedaços de rocha de seu leito é conhecido como arrancamento, que pode ocorrer por regelo ao redor da rocha ou por incorporação ao gelo ao longo de falhas. A abrasão glacial ocorre quando rochas e partículas na base do gelo deslizam sobre o leito rochoso, arranhando-o e desgastando-o. O sedimento resultante da abrasão é muito fino e, quando suspenso em água, é conhecido como farinha glacial. A água do degelo no leito de uma geleira também pode causar erosão por processos mecânicos ou químicos, como acontece com um sistema fluvial normal. A taxa de erosão das geleiras e dos mantos de gelo varia de acordo com a temperatura, taxa de movimento do gelo e rocha. Em média, em todo o planeta, estima-se que ocorra em torno de 1 metro de erosão a cada mil anos para as massas de gelo.

Ações de intemperismo, como o congelamento e o degelo e a redução da geleira, faz o material das encostas rochosas cair em direção à superfície das geleiras, onde é transportado rio abaixo pela massa de gelo. Se o material cai na zona de acumulação superior, ele penetra na geleira e é transportado para o volume principal de gelo, ou desce lentamente para o leito, acabando por auxiliar na lavagem do leito rochoso. Se o material cai na superfície da zona de ablação, normalmente permanece no topo da geleira. Foram encontrados alguns materiais incorporados e preservados nas geleiras. Por exemplo, na Sibéria, um mamute peludo extinto foi encontrado dentro de uma geleira, e em 1991, nos Alpes, um ser humano pré-histórico, apelidado de Ötzi, foi descoberto.

Os relevos formados pela erosão glacial incluem acidentes geográficos em grande escala, como vales em forma de U, ou vale glaciar, com cristas íngremes e chifres entre os vales. Aqui, as massas de gelo fluem pela paisagem, vasculhando-a à medida que se movem e expondo cumes angulares que se projetavam acima do gelo. Vales ou depressões glaciais em forma de U (observe que os vales cortados por rios são geralmente em forma de V) são principalmente produto da abrasão, mas a fratura e o arrancamento de rochas a jusante de obstáculos com superfície suavizada também influenciam na formação. Embora a maioria das geleiras siga os vales fluviais existentes, elas agem para aprofundá-los, alargá-los e retificá-los. Em geral, os lagos formam-se no vale erodido deixado por um glaciar, e acumulam lentamente sedimentos ao longo do tempo.

Se a geleira tiver erodido o vale abaixo do nível do mar, o vale pode ser inundado após o derretimento do gelo, formando um fiorde. Com o derretimento do gelo, o fundo do vale é preenchido à medida que os cascalhos produzidos pelas águas do degelo a jusante da geleira em recuo, combinados com os sedimentos do lago, atuam para achatar o fundo do vale, auxiliando na produção da forma de U.

Frequentemente, os vales laterais do vale glacial principal são truncados, formando **vales suspensos** (Figura 5.12a) ocupados por geleiras tributárias que alimentavam a geleira principal. A paisagem de Yosemite, na Califórnia, é um bom exemplo de região com vales suspensos, muitas vezes com grandes cachoeiras caindo sobre eles por várias centenas de metros, descendo por penhascos verticais até o vale principal. As pequenas geleiras costumam formar depressões em forma de cúpula, conhecidas como **domos** ou **circos**, perto do topo das montanhas. Depois que o gelo recua, a depressão pode formar um pequeno lago, geralmente chamado de **tarn**. Os circos são essencialmente pequenas formas de vales suspensos. Os vales glaciais e circos podem se estender, principalmente porque a atividade de congelamento e degelo é intensa, resultando na fragmentação de rochas. Quando dois circos se encontram é formada uma **aresta**, ou seja, uma crista estreita entre eles. Se três ou mais circos se encontrarem simultaneamente, podem formar um pico ou chifre piramidal, como o Mont Blanc, no leste da França. Às vezes, o intemperismo ou a erosão de parte de uma aresta forma o **col**, uma cavidade que, com frequência, forma pontos baixos nos cumes das montanhas, transformados em rotas para os seres humanos atravessarem as montanhas, como é o caso de muitas passagens alpinas.

Em quantidade menor, o **dorso de baleia**, que varia de 10 metros a centenas de metros de comprimento, é produto da abrasão na superfície de uma obstrução. Quando a rocha é mais resistente, o glaciar não consegue desgastá-la completamente, mas molda um monte alisado orientado na direção do fluxo do glaciar. No entanto, muitos desses pequenos montes, produtos da erosão, não são totalmente lisos. **Formas *stoss-and-lee*** têm características aerodinâmicas, com o lado a montante suavemente inclinado e suavizado

Figura 5.12 – Exemplos de relevos de paisagens anteriormente glaciais: (a) vale suspenso acima do fiorde Doubtful Sound, Nova Zelândia; (b) esker, na reserva natural de Einunndalsranden, Hedmark, Noruega; (c) gramado sobre drumlin em um campo, Andechs, Alemanha.

Fonte: (a) Kaitil; (b) Boschfoto; (c) Pseudopanax.

glacialmente; e o lado a jusante mais íngreme, por ter passado pelo processo de arrancamento. Elas são muito mais comuns do que os dorsos de baleia e são moldadas quando a geleira flui sobre o obstáculo, suavizando o lado a montante. O lado *stoss* é, em geral, arranhado por sulcos (**estrias**) de sedimentos que desgastaram a rocha ao passar sobre ela. No lado a jusante, podem ocorrer fraturamento, afrouxamento e deslocamento do leito rochoso, e os fragmentos podem ser incorporados ao gelo, assim, o lado descendente das formas *stoss-and-lee* tende a ser acidentado. Versões menores de *stoss-and-lee* são chamadas de **rochas *moutonées***. Essas formas de relevo indicam que havia gelo quente no glaciar que existia naquele local, e elas têm normalmente alguns metros de altura e dezenas de metros de comprimento. Há muitas paisagens onduladas notáveis com centenas de rochas *moutonées* espalhadas por grandes áreas. As **formas *craig-and-tail*** surgem onde a rocha resistente deixa pequenos montes salientes acima da superfície circundante, com sedimentos depositados no lado descendente da feição, atrás da obstrução. O Castelo de Edimburgo, na Escócia, foi construído sobre uma *craig-and-tail*.

A deposição de material erodido pela glaciação também moldou importantes formas de relevo. A geleira pode ter criado essas formas, ou elas podem ter sido expostas com o derretimento do gelo. Além disso, a água do degelo pode influenciar características deposicionais a alguma distância da geleira. Os relevos deposicionais associados às geleiras não são tão significativos quanto os produzidos pela erosão. No entanto, os depósitos glaciais cobrem cerca de 75% da massa terrestre das latitudes médias e 8% da superfície da Terra. As feições podem ser formadas pela ação direta do gelo, como as **moreias**, que são montes lineares de sedimentos. As moreias frontais se formam quando uma geleira em movimento empurra sedimentos, que se acumulam e formam uma crista. Essas moreias podem marcar a extensão máxima dos glaciares, ajudando a mapear a extensão das antigas massas de gelo. As moreias de despejo são formadas na frente de uma geleira, onde o material transportado pela geleira é, por fim, depositado em sua extremidade frontal à medida que o gelo derrete; conforme a geleira recua essas moreias podem ser reveladas. As moreias laterais se formam na superfície da geleira, coletando rochas das falésias acima; à medida que o glaciar se move, os detritos intermitentes da queda de rochas aparecem como uma característica linear na superfície. Os enormes blocos de rocha podem ser transportados dessa maneira e, uma vez depositados a uma longa distância de sua fonte original, passam a ser conhecidos como **erráticos**. As moreias *terminais* ocorrem quando, à medida que derrete, a geleira revela um depósito de material dentro ou no topo da geleira.

As moreias são formadas pela ação do gelo, enquanto os **eskers** são moldados pela água. Eskers são cristas sinuosas de areia e cascalho (Figura 5.12b) que, acredita-se, foram formados principalmente em canais subglaciais (*R-channels*). Podem ter de 20 a 30 metros de altura e até 500 quilômetros de extensão. Os eskers podem fluir em ambas as direções, o que apenas reflete o funcionamento de um sistema de canais internos de uma massa de gelo. Os ***drumlins*** são montes alongados de sedimentos, às vezes com núcleo rochoso, alinhados na direção do fluxo de gelo, e normalmente têm extremidade com declive mais acentuado a montante e mais pontiagudo a jusante (Figura 5.12c). Podem ser encontrados em grande número em uma área, como os cerca de 10 mil existentes no centro-oeste do estado de Nova York. Apesar de ainda haver um debate importante sobre os mecanismos de formação de *drumlins*, alguns estudiosos sugerem que eles foram formados durante inundações realmente grandes.

A planície de descarga a jusante de uma geleira é, em geral, rica em cascalhos e pedaços de rocha, e o sistema de água de degelo contém muita farinha de rocha e uma cor leitosa. Nessas condições, sistemas fluviais trançados são comuns. Quando grandes blocos de gelo são arrastados pelo sistema fluvial, depositados e soterrados, eles podem mais tarde formar **buracos de chaleira**. Se o gelo que estiver circundado por acúmulo de sedimentos – também transportados pelo sistema fluvial – derreter lentamente, ele deixa depressões na superfície, os buracos de chaleira. Por outro lado, os rios entrelaçados podem formar camadas de depósito de sedimentos com várias centenas de metros de espessura em alguns locais, mascarando as características subjacentes.

O permafrost

O permafrost refere-se ao solo ou rocha que, geralmente pela presença de gelo em seus poros, fica congelado por mais de dois anos. Abrange cerca de 25% da superfície terrestre, principalmente no hemisfério Norte, onde existem grandes massas terrestres em latitudes elevadas (cobre mais da metade da área terrestre da Rússia e do Canadá, os dois maiores países do mundo). A maior parte do permafrost da Terra é sensível às mudanças climáticas porque apenas existe a temperaturas alguns graus abaixo de 0 °C.

Em latitudes elevadas, mas fora dos mantos de gelo e dos glaciares, o permafrost tende a ser contínuo e, com frequência, estende-se por várias centenas de metros de profundidade. Em latitudes ligeiramente mais baixas, pode não ser contínuo e é mais fino, com apenas alguns metros de profundidade. O permafrost contínuo se torna descontínuo a uma temperatura atmosférica média anual de cerca de –6 °C a –8 °C, enquanto o permafrost descontínuo permanece assim a uma temperatura média anual de cerca de –1 °C no interior dos continentes. Perto da superfície, há um ciclo anual de degelo e congelamento tanto no permafrost contínuo quanto no descontínuo. As temperaturas são tipicamente mais baixas perto da superfície do solo, exceto na **camada ativa**, e aumentam com a profundidade, atingindo o ponto de derretimento na base do permafrost.

A camada próxima à superfície na qual ocorre o degelo e o congelamento é chamada de camada ativa. Sua profundidade varia de apenas alguns centímetros em permafrost contínuo até vários metros em permafrost descontínuo. O congelamento e o derretimento da água altera seu volume em 9% e, por causa disso, os processos pelos quais a camada ativa passa provocam a movimentação da superfície do solo, levando a grandes problemas para infraestruturas como estradas, dutos e edifícios, que, se não forem devidamente projetadas para se adaptar aos deslocamentos, podem desabar, envergar ou afundar. Estruturas construídas pelos seres humanos transmitem calor ao solo e podem derreter o permafrost, resultando em subsidência. Portanto, as construções devem ser bem isoladas do nível do solo ou mesmo ser projetadas com mecanismos de refrigeração do solo, embora isso possa ser proibitivamente caro. Garantir que os edifícios estejam ancorados em fundações profundas embutidas na rocha é importante e significa que eles terão sustentação se o solo ceder. Infelizmente, devido às mudanças climáticas, grandes áreas de permafrost estão derretendo e, por isso, algumas infraestruturas estão sendo danificadas. Temperaturas de inverno no Alasca e no oeste do Canadá, por exemplo, aumentaram 3 °C nos últimos cinquenta anos, e as projeções climáticas sugerem que, para um quarto da região, os 2 a 3 metros superiores do permafrost derreterão até 2100. Como resultado, as fundações irão afundar. Para evitar isso, estacas e fundações ainda mais robustas estão sendo construídas. O oleoduto Trans-Alasca é um exemplo clássico de engenharia que leva em conta o permafrost. Ele transporta petróleo a 65 °C através de 1.285 quilômetros de terreno gelado. A alta temperatura da tubulação derreteria o permafrost se o tubo fosse subterrâneo ou colocado na superfície do solo, o que resultaria em subsidência e danos à tubulação. Para evitar derreter e afundar o solo, o oleoduto foi construído acima da superfície, em racks, por grande parte de seu percurso, com curvas para permitir que o tubo se expanda e contraia, e se mova lateral e verticalmente sem rachar. Os suportes verticais do tubo também são equipados com dispositivos para resfriar o permafrost.

Relevos em regiões periglaciais

Ambientes periglaciais são frios e sujeitos a intensas geadas, mas não são glaciais. As regiões de permafrost são periglaciais, mas o permafrost não é pré-requisito para uma região ser caracterizada como periglacial. Muitas formas de relevos periglaciais estão relacionadas ao congelamento da água nos solos e sedimentos. A expansão e compressão do gelo são processos que resultam no movimento horizontal e vertical dos sedimentos. O primeiro movimento geralmente domina porque a cristalização do gelo tende a acontecer paralelamente ao gradiente de temperatura e, no solo, isso ocorre em paralelo à superfície do solo. A expansão do gelo move massas de solo e pode até empurrar rochas para a superfície, quando a rocha e o solo circundante são empurrados para cima durante o congelamento na camada ativa. No degelo, no verão, os sedimentos mais finos assentam novamente, preenchendo a lacuna abaixo da rocha e sustentando-a. Além disso, a água que flui ao redor dela pode penetrar nos poros do solo abaixo da rocha e, quando a água congela, empurrá-la novamente para cima. Esse movimento ascendente eleva a rocha um pouco mais a cada ano. Durante longos períodos, o resultado é um movimento líquido de pedras para a superfície.

Os tipos de movimento de massa descritos na seção "Intemperismo" e "Erosão" (Capítulo 2) ocorrem em áreas periglaciais. No entanto, o **rastejo de gelo**, por causa da geada e da **solifluxão**, são mais importantes em ambientes periglaciais e operam em conjunto. O rastejo de gelo ocorre quando o sedimento é empurrado para cima em uma encosta durante o congelamento, como parte da expansão da geleira, mas, como a gravidade puxa o sedimento na direção descendente quando o gelo derrete, ao longo de muitos anos, há um movimento líquido descendente. Solifluxão é o movimento muito lento e descendente do solo saturado. Em áreas periglaciais, em geral, o processo ocorre na camada ativa do solo permanentemente congelado. Nessa camada, o movimento do solo saturado pode ser maior do que o de regiões mais temperadas ou tropicais. O processo de solifluxão em áreas periglaciais é conhecido como gelifluxão.

A água pode congelar nos poros entre as partículas sólidas do solo ou sedimentos, ou pode migrar para formar massas discretas de gelo conhecidas como **gelo segregado**. Cascalhos grossos e areias são altamente permeáveis, mas como os espaços porosos são grandes, há pouco potencial de "sucção" (ver, neste capítulo, "Movimento da água através da paisagem") e por isso não retêm muita água. Já solos mais finos, como os argilosos, têm baixa permeabilidade e alta capacidade de retenção de água. Ou seja, solos com grãos de tamanho intermediário, como o silte, têm maior potencial para formar gelo segregado no solo, que, por sua vez, pode formar lentes ou faixas. As faixas espessas, às vezes com até vários metros, são conhecidas como **gelo maciço**. Diversas pesquisas experimentais mostraram que filmes líquidos podem revestir superfícies de gelo mesmo quando a temperatura está abaixo do ponto de fusão por pressão. Esses filmes fornecem condutos fluidos que alimentam o gelo segregado. Portanto, há um movimento lento de películas muito finas (algumas com centenas de milésimos de metro de espessura) de água que cobrem o gelo e o amplia, começando no sedimento adjacente ao gelo por meio de vários mecanismos bastante complexos, incluindo a atração molecular, que é mais poderosa do que as forças que mantêm a água dentro dos espaços porosos. Isso deixa, então, esses espaços relativamente vazios perto do gelo segregado, mas são preenchidos durante o verão pela água de degelo que penetra no solo, obtida por processos de sucção. Isso significa que o gelo segregado pode crescer lentamente.

Embora a água se expanda quando congelada, o volume do gelo e dos sedimentos diminui, o que pode abrir fissuras no gelo e fraturar o solo à medida que ele se contrai em temperaturas muito baixas. Este é provavelmente um fator influente na formação de muitas características de fissuras poligonais vistas na paisagem periglacial. Os polígonos de fissuras de gelo têm geralmente de 5 a 30 metros de diâmetro e se formam com mais facilidade quando não há cobertura de neve isolante (Figura 5.13a); são encontrados em grandes áreas na América do Norte e na Sibéria. A água que entra na fissura pode congelar, formando películas de gelo que se expandem ao longo de vários anos de derretimento e congelamento sazonais até se tornarem **cunhas de gelo**, que podem chegar a ter 4 metros de profundidade e 2 metros de largura, formando um V na fissura ampliada. Cunhas verticais de gelo no sedimento muitas vezes acompanham polígonos de fissuras de gelo padronizadas na superfície.

Figura 5.13 – Formas de relevo periglaciais clássicas: (a) polígonos de cunha de gelo; (b) círculos de pedras ordenados; (c) pingo, perto de Tuktoyaktuk, Noroeste do Canadá.

Fonte: (a) e (b) Hannes Grobe; (c) Adam Jones.

Além dos polígonos, existem padrões geométricos regulares de rochas ou topografia em áreas periglaciais (Figura 5.13b) que podem ser agrupados em círculos, redes, polígonos, degraus e faixas. São impressionantes e até parecem que foram os humanos que, classificando pedras e vegetação, criaram padrões em formas perfeitas. Círculos, redes e polígonos são comuns em superfícies planas, enquanto degraus e faixas ocorrem em encostas entre 5° e 30°. Em encostas mais íngremes, o movimento de massa predomina, o que impede a formação de padrões. Típicos círculos de rochas apresentam material fino no centro de uma área de relevo rebaixado, e sedimentos maiores num perímetro mais alto. Uma paisagem com faixas parece um campo recém-arado, com cristas e sulcos que alternam material grosso e fino. Existem várias hipóteses para explicar essas formações, as quais estão associadas aos processos de elevação e empuxo, e à possibilidade de células de circulação de miniconvecção operarem dentro do sedimento próximo à superfície. Durante o dia, especialmente no verão, o solo saturado perto da superfície aquece, enquanto o solo mais abaixo permanece congelado. A água na superfície (a cerca de 1 °C ou 2 °C) é ligeiramente mais densa do que a água do degelo (0 °C) abaixo; a água é ainda mais densa a 4 °C. Assim, a água mais densa afunda e força a água menos densa para cima, possibilitando a formação de uma pequena célula de convecção (pense nas células de circulação oceânica ou atmosférica descritas no Capítulo 3). Acredita-se que as bordas da célula de convecção influenciem as características da superfície, uma vez que as partículas do solo podem se deslocar com a água. No entanto, os processos exatos ainda permanecem indefinidos.

Em escala maior, podem se formar **pingos**, que são montes de gelo com até 60 metros de altura e 500 metros de comprimento (Figura 5.13c), e contêm gelo segregado e uma lente de gelo maciço. O topo do monte muitas vezes racha à medida que o núcleo de gelo dentro do pingo cresce, forçando a superfície do solo para cima. Pingos hidrostáticos são causados pelo abaulamento do solo congelado, resultado do congelamento da água e do crescimento do permafrost sob um antigo lago ou outro corpo d'água, são isolados e, predominantemente, encontram-se em áreas de baixo relevo. Os pingos que se formam sobre lagos drenados têm, em geral, forma circular, enquanto os formados sobre canais de rios antigos são lineares. É mais comum encontrar pingos hidráulicos – circular ou elíptico – em regiões descontínuas de permafrost, no pé das encostas. Eles são resultados de influxo e congelamento das águas subterrâneas que escoam da encosta.

Se o gelo segregado derreter em algum ponto, o terreno pode ficar intransitável, especialmente no verão, com muitas depressões – muitas das quais cheias de água – por causa de excesso de água e subsidência. Esse terreno, constituído por pequenos lagos e depressões de degelo de formato irregular, é denominado **termocarste**.

O movimento da massa periglacial nas encostas pode formar tipos de relevo como os **montes protalus** (*protalus ramparts*), montes lineares de sedimentos grossos que se formam a uma pequena distância da base de uma encosta. Quando rochas se quebram, elas podem deslizar pela neve no sopé da encosta, parando um pouco além da borda da neve. As **rochas revolvidas** descem lentamente, deixando uma depressão na encosta por onde passam e formando uma pequena protuberância de sedimentos. Acredita-se que o movimento das rochas, em geral de alguns milímetros por ano, é provocado pelas diferentes condições térmicas sob a rocha e seu entorno. Rochas revolvidas maiores são formadas quando toda uma massa de rochas e sedimentos desce pela encosta, da mesma maneira que ocorre em uma geleira. Essas **geleiras rochosas** em forma de língua têm frente íngreme e, geralmente, descem dos circos que criaram por meio do movimento descendente dos detritos angulares. O gelo no interior dos espaços porosos facilita esse fluxo.

Embora não existam vales perfeitamente simétricos, muitas vezes os periglaciais apresentam uma assimetria distinta. As áreas que não são mais periglaciais geralmente têm vales assimétricos reminiscentes de antigos períodos periglaciais. A assimetria pode ser causada por encostas voltadas para o sul (mais expostas à energia solar no hemisfério norte), o que promove um degelo prolongado; congelamento e degelo mais frequente, pois há mais dias e noites propícios para esses processos; mais derretimento; e movimentos de massa mais rápidos. Portanto, as encostas com mais exposição solar (sul no hemisfério Norte, e norte no hemisfério Sul) tem seu ângulo de inclinação reduzido com maior velocidade, e o material depositado na base empurra o fluxo da água em direção à encosta oposta, promovendo a erosão e mantendo-a íngreme.

Resumo

- Os caminhos que a água percorre através e sobre os solos e rochas influenciam a resposta do fluxo do rio aos eventos de precipitação.
- O fluxo superficial por mecanismos de infiltração e excesso de saturação geralmente resulta em tempos de atraso mais curtos e picos de descarga mais elevados no rio do que em sistemas em que predomina o fluxo profundo e águas subterrâneas. Contudo, o resultado depende do tipo de solo e rocha, da topografia, da cobertura vegetal e das condições climáticas.
- A susceptibilidade às cheias e às secas foi fortemente modificada pela ação humana, causando alterações nos cursos e armazenamento de água e, portanto, no fluxo dos rios.
- Os canais fluviais são dinâmicos: mudam de posição e forma ao longo do tempo e movimentam sedimentos, água e materiais dissolvidos.
- A interferência humana nos canais dos rios tem criado problemas geomorfológicos e ecológicos. Há tentativas para reverter os efeitos, assim como para proteger os ativos infraestruturais.
- Cursos naturais de água, clima, cobertura vegetal, tipo de solo, topografia e gestão da paisagem modificam o processo químico da precipitação à medida que a água se move através da paisagem até rios, lagos e aquíferos profundos.
- A atividade humana aumentou a quantidade total de solutos transportados pelos rios em 12%; fontes pontuais e difusas, incluindo a agricultura, poluem indiscriminadamente águas superficiais e subterrâneas.

- Zonas costeiras são dominadas por processos de ondas e marés que impulsionam a intemperização e o movimento de sedimentos.
- Os relevos costeiros podem ser classificados de acordo com o domínio das ondas (praias), marés (estuários) e rios (deltas).
- O gerenciamento costeiro deve incorporar a compreensão dos processos de intemperização e de transporte de sedimentos, pois é um sistema fortemente interligado. A interrupção dos movimentos naturais de sedimentos em um local da costa pode causar erosão em excesso e grandes problemas costeiros um pouco mais ao longo da costa.
- Os mantos de gelo e os glaciares erodem enormes relevos, tais como vales em forma de U, chifres e arestas. Eles também criam depósitos que formam acidentes geográficos mais moderados, como moreias, *stoss-and-lee* e *drumlins*. Essas formações podem ser observadas em áreas que já não são glaciais e fornecem evidências de climas anteriores mais frios.
- O permafrost é um solo congelado que cobre 25% da superfície da Terra.
- Uma camada ativa de derretimento perto da superfície ocorre no verão em áreas de permafrost, o que significa que o solo diminui periodicamente.
- As infraestruturas devem ser cuidadosamente planejadas em áreas de permafrost, para não sofrerem danos com o derretimento sazonal da camada ativa superior do solo e evitar que a taxa de derretimento e de subsidência do permafrost aumente por causa do aquecimento da superfície do solo pelas construções.
- Mudanças climáticas têm aumentado a perda do permafrost, de modo que as infraestruturas têm de ser projetadas ou adaptadas para evitar danos significativos às estruturas das construções.
- A água congelada nos sedimentos pode formar grandes blocos de gelo. Alguns deles faz que a superfície suba dezenas de metros, formando, por exemplo, os pingos.

- A ação da geada produz fissuras, e os processos de elevação e empuxo dentro das áreas periglaciais produzem formas de relevo (polígonos, círculos de rocha, faixas, vales assimétricos e termocarste).

Leituras adicionais

BENN, D.; EVANS, D. J. A. *Glaciers and Glaciation*. 2.ed. London: Hodder Education, 2010.

Livro muito popular entre estudantes que querem aprender mais sobre os processos glaciais e seus aspectos.

BOYD, C. *Water Quality*: an Introduction. 3.ed. New York: Springer, 2020.

Visão geral que fornece mais detalhes sobre os processos físicos e químicos responsáveis pela qualidade da água.

FRENCH, H. M. *The Periglacial Environment*. 4.ed. Chichester: Wiley-Blackwell, 2017.

Livro clássico, escrito com clareza e detalhado com diagramas e exemplos sobre aspectos periglaciais e permafrost.

HOLDEN, J. (Ed.). *An Introduction to Physical Geography and the Environment*. 4.ed. Harlow: Pearson Education, 2017.

Escrito por especialistas e bem ilustrado. Para mais informações em relação aos assuntos tratados neste capítulo, leia principalmente: "Catchment hydrology" (p.465-92), "Fluvial Geomorhology and River Management (p.493-524), "Solutes and Water Quality" (p.525-56), "Coasts" (p.584-624), "Glaciers and ice sheets" (p.625-55), "Permafrost and periglaciation" (p.656-74).

HOLDEN, J. (Ed.). *Water Resources*: an Integrated Approach. 2.ed. Abingdon: Routledge, 2020.

Este livro texto traz muitos capítulos escritos e bem ilustrados por especialistas sobre a mudança do ciclo da água, das águas subterrâneas, das águas superficiais e da qualidade da água.

IPCC. *IPCC Special Report on the Ocean and Cryosphere in a Changing Climate*. H.-O Pörtner et al. (Ed.). Geneva: IPCC, 2019.

Relatório de 2019 do IPCC sobre as mudanças dos glaciares e mantos de gelo.

MASSELINK, G.; HUGHES, M. G.; KNIGHT, J. *Introduction to Coastal Processes and Geomorphology*. 2.ed. London: Hodder Education, 2011.

Este texto fornece uma cobertura excelente de tópicos sobre as costas.
PRICE, M. *Introducing Groundwater*. 2.ed. Cheltenham: Nelson Thornes, 2002.
Mesmo após mais de vinte anos de sua publicação, este livro ainda fornece uma abrangência clara das técnicas usadas para avaliar lençóis freáticos, compreender seus movimentos e a qualidade da água.
ROSS, M. R. V. et al. AquaSat: a Data Set to Enable Remote Sensing of Water Quality for Inland Waters. *Water Resources Research*, v.55, n.11, p.10.012-25, 2019. Disponível em: https://doi.org/10.1029/2019WR024883. Acesso em: 18 maio 2024.
Fornece mais detalhes relacionados ao Quadro 5.3.
SHAW, E. M. et al. *Hydrology in Practice*. 4.ed. Abingdon: Taylor and Francis, 2010.
Fornece mais detalhes sobre os processos, medições e modelagem hidrológicos.

6
BIOGEOGRAFIA

O estudo da distribuição e dos padrões de vida na Terra e dos processos subjacentes que resultam nesses padrões é conhecido como biogeografia. A biosfera é a parte biológica da Terra, que incorpora a superfície da Terra e uma camada rasa abaixo dela, os oceanos e a baixa atmosfera. No interior da biosfera há diversos ecossistemas, que consistem nas comunidades biológicas e no ambiente físico que as sustenta, onde os ciclos de energia e nutrientes ligam os componentes orgânicos e minerais da biosfera.

Biosfera

A biosfera é caracterizada por fluxos de energia e ciclos de nutrientes em grande e pequena escalas. Não é totalmente homogênea, mas apresenta padrões de regiões distintas em todas as escalas. As variações podem ser atribuídas a uma série de fatores (clima, geologia, solo, processos bióticos e atividade humana), conforme brevemente descrito a seguir.

Principais variáveis da biosfera

Luz

A partir da energia solar, a fotossíntese realizada pelas plantas verdes envolve o processo de captura do carbono da atmosfera e combina-o com a água para produzir hidratos de carbono complexos e liberar o oxigênio. Os carboidratos são os blocos de construção de toda a vida. Cerca de um sexto da energia luminosa absorvida por uma planta verde é usada para a fotossíntese, enquanto o restante é convertido em energia química ou potencial de alimentação dos tecidos vegetais. Essa energia pode ser utilizada por outros organismos que consomem o tecido vegetal. A energia é liberada na forma de calor pela respiração em plantas e animais, que consomem oxigênio e liberam dióxido de carbono. As plantas verdes precisam de luz e, quanto mais tiverem, maior será o crescimento esperado. Assim, espera-se um crescimento mais rápido nos trópicos e mais lento nos polos. A maioria das espécies vegetais (plantas C3) fixam dióxido de carbono em compostos de três carbonos, conhecidos como triose fosfato. No entanto, outras espécies (plantas C4) produzem o ácido oxalacético, um composto de quatro carbonos. As plantas C4 evoluíram há relativamente pouco tempo (últimos 30 milhões de anos) em relação à vida da Terra, sendo muitas plantas C4 gramíneas, ciperáceas e algumas ervas e arbustos. As plantas C4 têm uma vantagem sobre as C3: utilizam eficazmente água e elevados níveis de radiação solar e são mais tolerantes à seca. Podem ser, portanto, favorecidas pelas mudanças climáticas nos próximos séculos, e estão entre as culturas de rápido crescimento, como milho, sorgo, milhete e cana-de-açúcar.

Apenas recentemente descobriu-se que a luz não é pré-requisito para a vida na biosfera. Em vez da fotossíntese, alguns ecossistemas de águas profundas desenvolveram a **quimiossíntese**. Nas dorsais meso-oceânicas (ver Capítulo 2), mais de 2 quilômetros abaixo da superfície do oceano, onde a luz não penetra, existe vida sustentada por fontes hidrotermais do assoalho oceânico. Essas fontes hidrotermais liberam água, diversos produtos químicos dissolvidos e partículas de fumaça, o que permite, ao seu redor, que vivam grandes comunidades de animais, incluindo vermes tubulares com vários metros de comprimento e camarões cegos. Ao contrário das plantas verdes, que realizam a fotossíntese na superfície do oceano e em terra, as bactérias ao redor das fontes obtêm energia dos produtos químicos liberados, como sulfeto de hidrogênio ou metano. Essas bactérias são então atacadas por outras criaturas, criando uma cadeia alimentar, outras podem viver nas conchas de alguns animais. Os seres vivos das profundezas do oceano têm de evitar serem fervidos pelas altas temperaturas das fontes hidrotermais, que podem ultrapassar os 300 °C. A descoberta desses ecossistemas levou pesquisadores a procurar a existência de organismos vivos nos lagos profundos e sem luz abaixo do manto de gelo da Antártida (ver Capítulo 5).

Temperatura

As condições ideais para crescimento e fotossíntese para a maioria (não todas) das plantas estão entre 10 °C e 30 °C. Os padrões sazonais de temperatura são importantes porque a estação de desenvolvimento da maioria das plantas cria uma base de fornecimento de alimentos para outros organismos, o que é particularmente importante para os **herbívoros** (animais que comem apenas plantas), que precisam se adaptar à disponibilidade de recursos alimentares ao longo das estações do ano. Com frequência, eles entram em estado de dormência (por exemplo, hibernação) durante parte do ano ou migram para outras regiões.

Umidade

A umidade está principalmente ligada aos regimes de chuvas. Contudo, temperatura e capacidade dos solos e das rochas de armazenar água para uso biológico também são importantes. Em geral, tipo de solo, geologia, declive e altitude são cruciais na determinação de áreas de maior umidade para plantas e animais. Todos os processos importantes da vegetação ocorrem dentro da água. Para as plantas terrestres, a água também sustenta a sua estrutura e, sem ela, murcham.

Outros fatores climáticos

A umidade controla a fotossíntese, que não processa bem em ar muito seco; o vento influencia as temperaturas; e apenas plantas fortes capazes de resistir às condições de vento conseguem se desenvolver em regiões com predominância de ventos fortes.

Fatores geológicos

O movimento das placas tectônicas através da superfície da Terra (ver Capítulo 2) favoreceu a dispersão de espécies e a formação de barreiras, tais como cadeias montanhosas e oceânicas. Por exemplo, existem grandes diferenças na fauna e na flora entre as ilhas Bali e Lombok, separadas apenas por 30 quilômetros. Bali está intimamente relacionada à flora e à fauna das ilhas maiores Java e Sumatra, ao norte; Lombok é mais semelhantes às da Nova Guiné e Austrália, ao sul. Entre Bali e Lombok, há uma fossa oceânica que separou as placas durante mais de 200 milhões de anos e impediu a ligação terrestre. As ilhas ao norte da fossa foram formadas a partir do continente asiático, as ao sul originalmente eram parte do continente australiano. O papel das placas tectônicas é, portanto, fundamental para explicar muitas diferenças espaciais nas distribuições de vegetação e animais. Outros fatores geológicos: solos, importantes para o controle da água disponível para as plantas e o fornecimento de nutrientes; e topografia, que influencia o recebimento da energia solar, o clima e a hidrologia locais.

Fatores bióticos

A competição por luz, nutrientes, água e espaço vital, a capacidade de adaptação e de migração, e a presença ou ausência de predadores e presas são componentes importantes que diferenciam as dinâmicas da biosfera. A competição surge em situações como encontrar um bebedouro em uma zona semiárida: herbívoros e outras espécies esperam sua vez de beber até que os carnívoros (comedores de carne) tenham bebido e ido embora. Outro tipo de competição ocorre quando há quantidade limitada de alimentos para indivíduos de uma espécie, o que pode levar à exclusão dos mais fracos e à sobrevivência dos mais aptos, que conseguem obter alimentos suficientes. O **nicho ecológico** é a base da maioria dos padrões ecológicos da biosfera: onde não há competidores por nenhum dos recursos necessários para a sobrevivência de um indivíduo ou espécie, o organismo pode ocupar as condições ideais às quais está adaptado. Contudo, por causa da competição, as espécies geralmente têm que ocupar um nicho que é produto da interação competitiva entre diversas espécies atraídas pelos mesmos recursos. A competição tende a ser mais forte entre espécies semelhantes, uma vez que é provável que os seus nichos ecológicos se sobreponham; espécies capazes de sobreviver com menos recursos limitantes estão em melhor situação.

Outro fator biótico que produz padrões geográficos é o isolamento de grupos de organismos, talvez por causa da movimentação de placas tectônicas ou da elevação do nível do mar ao isolar uma ilha, o que implica na ausência de reprodução da espécie com uma população maior. Isso significa que não há ampla diversidade genética e, portanto, adaptações ou alterações em uma espécie podem desenvolver-se mais rapidamente. Tal processo pode levar à evolução de novas espécies (**especiação**), como foi o caso dos fringilídeos, ou tentilhões, das Ilhas Galápagos, estudados por Charles Darwin. Treze espécies dessas aves só foram encontradas nas ilhas Galápagos, e cada uma tinha adaptações únicas no formato do bico, adequadas a diferentes tipos de alimentos, como invertebrados ou sementes grandes e nozes. Essa especiação permitiu que cada uma das espécies adotasse diferentes nichos nas ilhas.

Os organismos também podem variar segundo sua movimentação ou como se distribuem por diferentes regiões, e isso é determinante nas combinações de espécies que podem ser encontradas em uma área e em como o sistema responde às mudanças ambientais. Todos os organismos dispersam seus descendentes: algumas plantas espalham milhões de sementes, mas pode ser que apenas algumas sobrevivam; outras liberam apenas algumas sementes sob certas condições favoráveis ao desenvolvimento (por exemplo, imediatamente após um incêndio florestal). Esses processos bióticos ajudam a moldar os padrões geográficos na biosfera.

Ecossistema

Os ecossistemas envolvem o fluxo de energia e nutrientes no ciclo da vida (Figura 6.1), e seu tamanho pode variar de enormes florestas tropicais a rochas individuais. Assim, as alterações em uma parte do ecossistema afetam outras partes. Os ecossistemas podem ser divididos em vários níveis de energia, conhecidos como **níveis tróficos**. Os fotossintetizadores de nível inferior, os produtores primários, usam a energia do Sol, os nutrientes e a água do solo para produzir matéria orgânica. Essa matéria vegetal é então consumida pelos herbívoros – do segundo nível trófico –, que podem ser comidos por carnívoros – terceiro nível trófico –, que, por sua vez, podem ser devorados por carnívoros que ocupam o quarto nível trófico. Durante esse processo, os resíduos gerados podem ser reciclados ao voltar para o solo ou a água. Quando os organismos morrem, seus restos mortais são adicionados à dieta dos decompositores (larvas ou fungos), que transformam o lixo em húmus (ver Capítulo 2). A decomposição libera o que resta da energia na forma de calor (entulhos em decomposição são em geral muito quentes). O processo de decomposição é importante na ciclagem de nutrientes que passaram pela cadeia alimentar, como o nitrogênio e o fósforo.

É claro que a maioria dos ecossistemas é mais complexa do que os níveis tróficos que acabamos de descrever, mas os princípios permanecem os mesmos. Grande parte da energia obtida pelos herbívoros ao consumir os produtores primários é utilizada para movimento, digestão, respiração etc. Portanto, talvez apenas 10% da energia sejam passadas de um nível trófico para o seguinte, o que significa que um consumidor de alto nível trófico requer muita produção primária para sustentá-lo (por exemplo, para que um ser humano coma 1 quilograma de salmão selvagem, seria necessária a produção de mil quilogramas de fitoplâncton). Além das

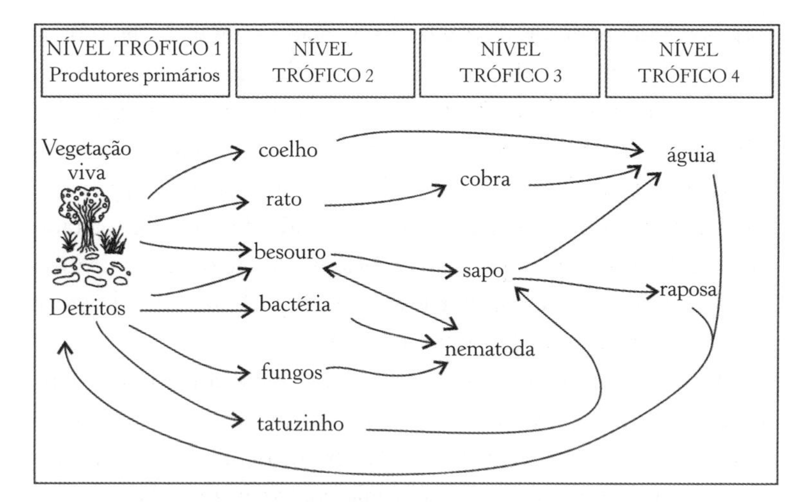

Figura 6.1 – Fluxos de nutrientes em um ecossistema simplificado.

transferências de energia, há passagem de material por um ecossistema, ou seja, toxinas presentes originalmente em baixas concentrações podem atingir altas taxas nos consumidores do alto nível trófico sob certas condições. Por exemplo, um contaminante como o mercúrio pode acumular-se nos sedimentos do fundo do mar e, depois, ser absorvido por mexilhões. Cada mexilhão pode conter apenas uma pequena quantidade de mercúrio. Contudo, como os peixes pequenos comem muitos mexilhões, a quantidade de mercúrio torna-se maior nos peixes pequenos, e, à medida que os predadores comem os peixes menores, o mercúrio vai se concentrando dentro deles. Isso é prejudicial também para a saúde dos seres humanos que comem peixes maiores, como o atum e o peixe-espada. Os ciclos do nitrogênio e do fósforo, dois outros importantes exemplos de transferência de material, serão descritos a seguir.

Ciclos do fósforo e do nitrogênio

O intemperismo das rochas permite que o fósforo seja dissolvido em solução aquosa. Assim, ele fica disponível nos solos ou corpos d'água para ser absorvido pelas plantas antes de ser consumido por organismos de níveis tróficos mais elevados, que, após a excreção ou a morte, possibilitam que o fósforo seja absorvido pelos decompositores, tornando-se novamente parte do solo ou da solução aquosa. Esse ciclo perdura por longos períodos. Em uma escala de tempo maior, o fósforo pode ser eliminado do solo e depositado em sedimentos marinhos e, com o passar dos ciclos, compor uma rocha sedimentar que mais tarde atinge a superfície, sofre desgaste e se torna parte da solução aquosa do solo.

O nitrogênio é essencial para a vida, e existe em grande quantidade na atmosfera. Quantidade muito pequena de gás nitrogênio reage com o oxigênio durante os relâmpagos para formar óxido nítrico, que eventualmente atinge o solo como nitrato. Mais importante ainda, as bactérias do solo fixam o nitrogênio para produzir formas reativas de amônio e de nitrato que podem ser utilizadas pelas plantas. Algumas dessas bactérias têm relações estreitas com plantas fixadoras de nitrogênio – como as leguminosas (por exemplo, trevo) –, que, quando utilizadas em rotações de culturas, ajudam a fertilizar o solo a partir da atmosfera, preparando-o para o próximo plantio. O amônio e o nitrato são absorvidos pelas plantas e produzem proteínas e outros componentes. Em seguida, os herbívoros alimentam-se dessa vegetação, obtendo suas proteínas e, portanto, o nitrogênio aproveitável. Depois de passar pelo sistema trófico, plantas e animais mortos se decompõem e parte do nitrogênio é transformado por bactérias desnitrificantes e devolvido à atmosfera.

As atividades humanas perturbaram os ciclos do fósforo e do nitrogênio ao adicionar fertilizantes e alterar as propriedades dos solos, acelerando sua erosão e diminuindo a disponibilidade para as plantas do fósforo e do nitrogênio, presentes na água do solo. Além disso, a atividade industrial e as emissões dos veículos produzem mais óxido nitroso, o que aumenta a deposição de nitrogênio da atmosfera na água da chuva, por exemplo. O excesso de fósforo ou nitrogênio que flui da paisagem para as massas de água pode causar grandes alterações nos ecossistemas aquáticos (Quadro 6.1).

QUADRO 6.1 – EUTROFIZAÇÃO

O nitrogênio e o fósforo são nutrientes limitantes essenciais nos ecossistemas aquáticos. Sua concentração aumenta quando os fertilizantes são lixiviados do solo, ou quando a erosão do solo se acelera, e eles são levados para as massas d'água. A eutrofização ocorre quando a água é enriquecida com nutrientes – o que estimula o desenvolvimento dos produtores primários –, particularmente fósforo e nitrogênio, fazendo as algas florescerem em ritmo muito acelerado (Figura 6.2). A floração de algas pode bloquear a luminosidade, reduzindo o crescimento das plantas nas profundezas do corpo d'água e afetando a capacidade de algumas espécies de atacar as outras. À noite, quando a fotossíntese é interrompida, ocorre a desoxigenação da água, uma vez que tanto a respiração das plantas como a decomposição de detritos passam a consumir oxigênio mais rapidamente do que ele é reposto pela atmosfera, o que leva à morte de peixes e outras formas de vida aquática. Frequentemente, a floração de algas pode ser vista do céu ou do espaço por sua coloração azul-esverdeada nas camadas superficiais da água. Supõe-se que cerca de um terço dos rios e lagos da Europa estão eutróficos por causa da poluição e das alterações dos solos, o que representa grande ameaça global para as águas doces e os sistemas marinhos costeiros.

Figura 6.2 – Floração de algas, indicada pela cor verde, na parte ocidental do Lago Erie, América do Norte. A imagem tirada em cores naturais pelo Landsat 8, em setembro de 2017, mostra cerca de 50 quilômetros de largura de oeste a leste. Podem ser vistas algumas das vastas áreas de terras agrícolas ao redor do lago.

Fonte: Nasa, Lake Erie Abloom. *Earth Observatory*. Disponível em: https://earthobservatory.nasa.gov/images/91038/lake-erie-abloom. Acesso em: 7 jun. 2024.

Os sistemas eutróficos podem conter espécies de algas verde-azuladas, produtoras de substâncias tóxicas para os mamíferos, e, assim, afetar diretamente o gado que vive ao longo de lagos e rios, e os seres humanos que praticam esportes aquáticos. Até a água potável pode ser afetada. Em 2014, foi encontrada na água do Lago Erie, América do Norte, a toxina microcistina, que é produzida por algas verde-azuladas e pode causar dormência, náuseas, tonturas, vômitos e danos ao fígado, inutilizando a água até mesmo após ter passado por tratamento. Embora a floração de algas não tenha sido muito maior do que em outros anos, o vento a levou aos pontos de entrada de abastecimento de água, fazendo que o abastecimento de Toledo, em Ohio, e cidades vizinhas, fosse interrompido durante vários dias, afetando meio milhão de pessoas. Os moradores foram aconselhados a não tocar na água nem a fervê-la, pois isso aumenta sua toxicidade.

Grandes florações no Lago Erie ocorreram após a crise hídrica de Toledo. Desde a década de 1990, anualmente, tem havido floração de algas no lago por causa do manejo da terra que utiliza excessivamente fertilizantes, para sustentar os sistemas de cultivo de soja e milho em expansão na região, que depois são lixiviados do solo e descarregados nos lagos. Algumas pesquisas também sugeriram que uma espécie invasora de mexilhão-zebra mudou a teia alimentar do lago, favorecendo certas espécies de algas ao eliminar suas concorrentes. Muito trabalho precisa ser feito na região, e em muitas outras áreas do mundo, para evitar sobrecarregar os corpos d'água com fósforo e nitrogênio.

Ambos os ciclos estão interligados com partes do ciclo do carbono (ver Capítulo 4). Por exemplo, a produtividade das plantas, dos organismos do solo e da água depende bastante da disponibilidade de formas reativas de nitrogênio, como amônio, nitrato e outros compostos de nitrogênio oxidado. Recentes pesquisas (por exemplo, Zaehle, 2013) sugeriram que, em nível global, as adições de nitrogênio reativo à paisagem pelos seres humanos aumentam tanto o sequestro de carbono na biosfera quanto as emissões de óxidos nitrosos (fortes gases de efeito estufa) dos solos para a atmosfera. A falta de nitrogênio reativo em solos degradados limita a produtividade terrestre em muitos ecossistemas e, portanto, limita a capacidade da biosfera terrestre de sequestrar carbono por causa do aumento do dióxido de carbono atmosférico.

Sucessão

Os ecossistemas são dinâmicos e ajustam-se constantemente às alterações ou perturbações ambientais. A **sucessão** ocorre quando grupos mais antigos de plantas e animais são substituídos por outros mais complexos. A sucessão primária pode começar em uma rocha exposta ou em um local alterado. Por meio de insumos de matéria orgânica, intemperismo contínuo e ou proteção do meio ambiente, líquens, musgos e samambaias – em geral, parte dos primeiros colonizadores – ajudam a alterar as condições de uma região e, assim, torná-las mais adequadas para a colonização de outras plantas e animais. Os colonizadores secundários, por sua vez, aumentam a complexidade do local e alteram ainda mais as condições, modificando o ecossistema ao longo do tempo. A sucessão em lagoas e lagos pode resultar no eventual preenchimento do lago com matéria orgânica e outros detritos.

A alteração de um ecossistema está geralmente associada à rápida perda de biomassa, e pode ser natural – tal como incêndio florestal, erupção vulcânica, grande tempestade ou deslizamento de terra – ou ser causada por seres humanos – por exemplo, desmatamento ou pastoreio excessivo de animais domesticados. Algumas alterações naturais (não muitas) são importantes para a manutenção de uma elevada biodiversidade porque, caso contrário, a competição entre espécies pode eliminar outras espécies.

Interações bióticas

Interações bióticas precisam ser compreendidas para que se conheça as consequências da gestão sobre os ecossistemas. O *mutualismo* beneficia ambos os organismos. Por exemplo, pássaros comem uvas enquanto a planta se beneficia do transporte das suas sementes; fungos micorrízicos trocam nutrientes do solo com as raízes das plantas, que em troca fornecem hidratos de carbono aos fungos. A *predação*, o *parasitismo* e a *herbivoria* beneficiam um organismo em detrimento de outro. No caso da predação, mas também, às vezes, nos de parasitismo e herbivoria, um organismo morre para que o outro possa sobreviver. Os parasitas reduzem a capacidade de funcionamento do organismo hospedeiro, consumindo seus nutrientes. No *comensalismo*, uma espécie se beneficia de uma interação enquanto a outra permanece praticamente inalterada. Por exemplo, algumas sementes estão adaptadas para serem transportadas por animais que roçam na planta. O *amensalismo* ocorre quando uma espécie é prejudicada enquanto a outra não é afetada (por exemplo, o pisoteio da relva por animais).

Biogeografia insular

O estudo de ilhas isoladas resultou em conhecimento valioso para compreender o funcionamento dos processos biogeográficos. Ilhas têm limites claros, e seu isolamento e ausência de diversos fatores externos simplificam seu sistema, facilitando a sua compreensão. A teoria clássica da biogeografia insular examina o equilíbrio entre taxas de imigração de novas espécies para determinada ilha e taxas de extinção nessa ilha. Se as taxas de imigração são altas e as taxas de extinção, baixas, então a ilha deve ser rica em espécies. A riqueza de espécies está relacionada ao tamanho da ilha e à distância que ela está de outra massa de terra; se ela estiver a uma curta distância de uma grande massa de terra, então há mais chance de novas espécies imigrarem. Ilhas maiores têm maior probabilidade de ter mais diversidade de hábitats e, portanto, podem suportar maior variedade de espécies. A taxa de extinção de espécies que habitam uma nova ilha começa baixa, uma vez que a competição pelos recursos é baixa. À medida que as espécies aumentam, a pressão sobre os recursos também aumenta e, assim, a taxa de extinção cresce com o tempo. Se uma ilha é formada pela separação do continente principal, inicialmente, ela pode ter elevada riqueza de espécies. Contudo, como seus recursos são limitados, as taxas de extinção aumentarão em um primeiro momento, resultando no declínio do número de espécies.

A teoria da biogeografia insular também tem sido utilizada na compreensão de melhores práticas de gestão para conservação. Por exemplo, tem havido questionamentos sobre se é melhor conservar uma grande área dentro de uma paisagem ou conservar várias áreas menores. Uma grande área tende a ser mais rica em espécies e ser mais eficaz para a conservação, especialmente se existirem rotas migratórias em grande escala através daquela paisagem. Por outro lado, embora áreas pequenas possam implicar em menor variedade de espécies, a probabilidade de perda completa desse ecossistema (e extinção de espécies) é reduzida, porque há muitas áreas com ecossistemas replicados.

Biomas

Biomas são áreas globais que contêm grandes comunidades de vegetação terrestre com similaridades entre as plantas dominantes e as comunidades animais da região. A localização dos principais biomas globais é mostrada na Figura 6.3. O clima, com suas características de temperatura e precipitação, é o principal influenciador da localização dos biomas. O oceano é dividido em biomas, mas existem camadas horizontais irregulares que sustentam grupos típicos de plantas e animais.

Biomas frios

Biomas frios consistem em áreas que incluem a taiga (com árvores) e a tundra (sem árvores). Observe na Figura 6.3 que esses biomas não são numerosos no hemisfério Sul devido à ausência de terras livres de gelo em altas latitudes. Os biomas frios são frequentemente chamados de zona boreal (que significa zona norte).

A taiga estende-se para o norte, desde onde a temperatura média mensal ultrapassa 10 °C durante pelo menos cinco meses do ano, até áreas onde apenas um mês tem temperatura média superior a 10 °C. Portanto, a estação de florescimento é curta e os solos são frequentemente finos porque grandes áreas foram erodidas por antigas camadas de gelo, e o desenvolvimento do solo é lento por causa das baixas temperaturas. A ausência de animais no solo indica que a decomposição é limitada e a serapilheira, ácida. Em muitas áreas, desenvolveram-se grandes extensões de turfeiras por causa da drenagem deficiente causada pelos finos depósitos glaciais subjacentes.

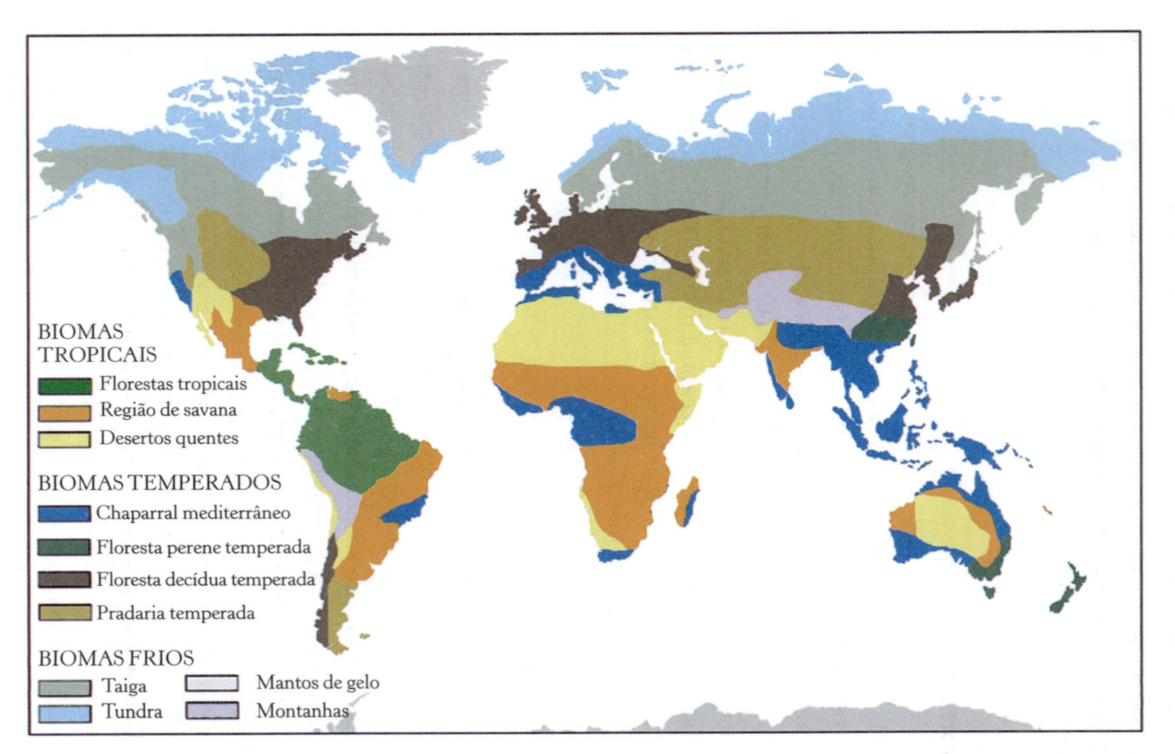

Figura 6.3 – Mapa dos principais biomas terrestres.

As florestas de taiga da Europa e da Ásia consistem principalmente de árvores coníferas, como o espruce-da-noruega e o pinheiro-da-escócia no oeste, e de mais lariços decíduos no leste. Na América do Norte, o pinheiro-de-lodgepole e o abeto-subalpino dominam no oeste, e o pinheiro-do-canadá, o abeto-negro e o abeto-balsâmico no leste. As taxas de crescimento das árvores são baixas, especialmente nas zonas mais frias, com um aumento de altura de cerca de 15 centímetros por década; as espécies perenes são capazes de realizar fotossíntese tão logo as condições sejam adequadas, em vez de terem de esperar que as folhas se desenvolvam. A estrutura da floresta de taiga é simples, com um dossel perene e, ao nível do solo, gramíneas tufadas, musgos, líquens e plantas de charneca, como o mirtilo. A cobertura arbórea não é homogeneamente densa, há áreas abertas, especialmente onde é mais frio ou os solos são muito finos. Processos de camadas ativas no permafrost (ver Capítulo 5) podem causar instabilidade do solo a ponto de derrubar algumas árvores. Onde a cobertura arbórea é menor, o solo em geral é coberto por líquens. Caribus (América do Norte) e renas (Europa) migram pela floresta de taiga. Mamíferos menores, como doninhas, tendem a ser camuflados com pelos que mudam de cor no inverno.

O incêndio florestal é um elemento importante da taiga que pode ser iniciado talvez em intervalos de duzentos anos para determinada localidade. O fogo é útil na ciclagem de nutrientes, acelerando um processo que, de outra forma, seria muito lento, removendo uma camada espessa e ácida de serapilheira (que pode ter mantido parte grande do solo congelado por mais tempo). Os incêndios limpam a terra e promovem a mistura de espécies, embora muitas espécies estejam adaptadas ao fogo, com muitas coníferas, arbustos e ervas brotando de raízes, tocos e caules subterrâneos, ou dispersando sementes por longos períodos (por exemplo, pinhas). Contudo, há preocupações de que os seres humanos aumentem a frequência dos incêndios por meio de ignição acidental ou por mudanças climáticas, dificultando a recuperação do ecossistema entre incêndios.

A transição entre a taiga e a tundra, mais rigorosa ao norte, é gradual, com as árvores tornando-se mais esparsas à medida que as condições ficam mais frias. A tundra é plana, sem árvores e fica entre a taiga e o gelo polar. Essas regiões têm condições rigorosas para a manutenção da vida: os verões, cujas temperaturas ficam acima de 0 °C, podem durar apenas um ou dois meses; os invernos podem apresentar temperaturas tão baixas quanto –50 °C. Ventos fortes, frios e secos são comuns, com pouca precipitação. Permafrost com uma camada ativa rasa inibe o desenvolvimento de plantas com raízes profundas e reduz o número de animais do solo. Os solos são rasos, com resíduos ácidos sobre uma camada gleizada, que fica sobre uma camada permanentemente congelada. A produtividade e a diversidade de espécies são muito baixas, existindo apenas plantas lenhosas e herbáceas de baixo crescimento, musgos e líquens. Muitas espécies são perenes, crescem durante o verão, morrem no inverno e voltam a se desenvolver a partir da raiz no verão seguinte, reduzindo assim a energia necessária para a formação de sementes. A baixa produtividade indica que esse bioma é sensível às atividades humanas, uma vez que sua taxa de recuperação é muito lenta (por exemplo, rastros de veículos, minas etc. deixam marcas durante centenas de anos). A baixa produtividade também significa que são necessárias grandes áreas de terra para sustentar herbívoros (por exemplo, roedores ou rebanhos migratórios de renas e caribus) e carnívoros (por exemplo, corujas ou raposas). Apesar da população dos lemingues mudar ao longo de ciclos de alguns anos, o que impacta todo o ecossistema, os lemingues são importantes na tundra, pois aumentam a taxa de ciclagem de nutrientes entre o solo e as plantas e estimulam o crescimento da vegetação por meio do pastoreio, além disso, têm papel importante de presas para os carnívoros.

Biomas temperados

Os biomas temperados podem ser divididos em chaparral mediterrâneo, pastagens temperadas, floresta decídua temperada e floresta perene temperada do sul. O bioma mediterrâneo é mais do que apenas a área em torno do Mar Mediterrâneo, ele também é encontrado na Califórnia, no oeste da África do Sul, no centro do Chile e no sul da Austrália. É quente durante todo o ano, com baixa pluviosidade, seca no verão e altas taxas de evaporação. O bioma mediterrâneo é caracterizado por plantas duras e resistentes, florestas mistas e matagais adaptados ao crescimento em condições com limitação de água. Muitas plantas em climas mediterrâneos estão adaptadas aos frequentes incêndios naturais: as árvores têm casca espessa e lisa e raízes profundas, a partir das quais uma nova ramificação pode crescer; muitos tipos de sementes só abrem após exposição ao fogo; os animais adaptaram-se à seca e ao fogo, e conseguem sair dessas situações, muitas vezes, correndo rapidamente (por exemplo, cangurus, alces, cabras e emas) ou escavando (por exemplo, linces e roedores).

Pastagens temperadas, que tem vegetação dominada por gramíneas, geralmente perenes (a mesma planta sobrevive ano após ano), são encontradas em extensas áreas na região central da América do Norte e da Eurásia. Tende a ter uma longa estação seca e totais anuais de precipitação inferiores a 500 milímetros. As paisagens suavemente onduladas, características de regiões como as pradarias e as estepes, tornaram-se, em geral, áreas de cultivo de cereais. Na América do Norte, restam muito poucas áreas de pastagens naturais altas ou baixas, e grandes rebanhos de herbívoros, como os de bisões, comuns nessas áreas, foram reduzidos pelos impactos da atividade humana. Em pastagens temperadas, a área de superfície foliar tende a ser pequena, para reduzir a transpiração. A falta de uma cobertura de proteção levou os animais a desenvolver habilidade para sobreviver: velocidade, para escapar de predadores (por exemplo, antílopes e veados); porte grande, para reduzir as chances de serem atacados (por exemplo, alces e bisões); ou capacidade de escavar (por exemplo, ratazanas). Os frequentes incêndios de verão mostram a importância do desenvolvimento de sistemas, situados ao nível do solo ou abaixo dele, que garantem a sobrevivência, tais como bulbos, rizomas e tubérculos. Os arbustos e as árvores com rebentos desenvolveram-se em algumas áreas mais úmidas de pastagens temperadas, como a savana sul-africana ou as pastagens de touceiras encontradas na Nova Zelândia e na Austrália.

O bioma de floresta decídua temperada é encontrado apenas no hemisfério Norte. Para áreas semelhantes no hemisfério Sul, a floresta é perene. As diferenças podem estar relacionadas às placas tectônicas, pois os hábitats decíduos só evoluíram no Norte depois de a grande massa terrestre de Gondwana ter-se dividido, há cerca de 180 milhões de anos. Existe uma zona de transição bastante pequena entre a floresta decídua e o bioma da floresta boreal, mais ao norte. O clima no bioma de floresta decídua é úmido, mas temperado durante todo o ano, com mais de quatro meses apresentando temperatura média acima de 10 °C. Conta com uma rica fauna, e os solos são bem misturados e com muitos nutrientes. Nas áreas mais ricas da floresta, a estrutura vegetal conta com quatro camadas principais: a copa superior, com até 30 metros de altura, apresenta coberturas largas e arredondadas; uma camada arbustiva com menos de 5 metros de altura; a terceira camada de gramíneas; e uma camada superficial de musgos e hepáticas. A cobertura vegetal é sazonal, com mudanças significativas na aparência do sistema ao longo do ano. A perda de folhas no inverno reduz a transpiração e os danos causados pela geada ou neve. A floração das árvores geralmente ocorre bem no início da primavera, proporcionando o máximo de tempo possível para o desenvolvimento dos frutos. Alguns animais podem hibernar durante o período de dormência ou construir abrigos subterrâneos para evitar o frio do inverno. Veados e ursos eram comuns nessas regiões, mas seu número diminuiu por conta da caça e do desmatamento.

A floresta perene do sul tende a ter um clima semelhante ao da floresta decídua do norte, mas geralmente há duas camadas de copas e uma camada arbustiva. Como a floresta é perene, as plantas ao nível do solo são menos comuns, pois a quantidade de luz que chega ao solo da floresta é menor.

Biomas tropicais

Os biomas tropicais abrangem florestas tropicais altamente produtivas, savanas menos produtivas e desertos quentes de baixa produtividade. As florestas tropicais tendem a ser consistentemente úmidas e quentes, com temperaturas médias anuais em torno de 25 °C, com pouca variação sazonal, e cerca de 2 mil milímetros de precipitação regular por ano. O abastecimento regular de água cria redes abundantes de riachos e alimenta rios importantes, como o Amazonas e o Congo. Os solos nas florestas tropicais são profundos, mas relativamente inférteis, uma vez que a maior parte dos nutrientes é armazenada na estrutura dos organismos que ficam acima do solo, embora um número surpreendente de organismos do solo também armazene biomassa. A ciclagem de nutrientes é extremamente rápida, de modo que a serapilheira não se acumula em níveis muito profundos, exceto onde o alagamento forma turfeiras. As florestas tropicais são exuberantes, com cobertura de árvores perenes de folhas largas, sendo que as árvores mais altas tendem a ser estreitas, com poucos galhos ou folhas abaixo do topo da copa. Essas áreas produzem cerca de 40% da produção mundial primária baseada na terra e contêm metade das espécies da fauna e da flora do mundo. A ausência de sazonalidade bem definida faz que a produção e o crescimento de frutos perdure dure todo o ano, assim como faz que a floresta mantenha uma cobertura de folhas densa, enquanto as plantas competem pela luminosidade mais abaixo. Trepadeiras e epífitas (plantas que crescem acima da superfície do solo usando outras plantas como suporte e que não estão enraizadas no solo) são comuns. As lianas (tipo de trepadeira lenhosa) sobem rapidamente e geralmente não formam folhas até que haja luz suficiente. As florestas tropicais contêm enorme diversidade de animais com muitas adaptações para escalada, como macacos com caudas fortes, cobras e lagartos. Há relativamente pouca vegetação no solo, porque é muito escuro (apenas cerca de 1% da luz no topo da cobertura), mas isso proporciona um ambiente para locomoção de grandes animais terrestres, como porcos, leopardos e onças-pintadas.

As temperaturas da savana tendem a ser semelhantes às das florestas tropicais, mas a longa estação seca (com menos de 250 milímetros de precipitação por mês durante mais de cinco meses) faz que a vegetação seja sazonal e adaptada para ser resistente à seca. As altas taxas de evaporação e transpiração são uma indicação de que as chuvas precisariam ser abundantes para se ter um ambiente com alta produtividade. Uma cobertura arbórea esparsa permite o crescimento de grama e outras floras do solo. A estrutura varia ao longo da paisagem, de acordo com as diferenças de disponibilidade de água e nutrientes. As plantas da savana estão adaptadas para resistir ao fogo e à seca, como o baobá, que tem casca grossa, estação foliar curta e tronco que armazena muita água proveniente dos períodos de chuva. Raízes profundas, para capturar água, e acúleos e espinhos, para deter os herbívoros, possibilitam que as plantas precisem só de algumas folhas. A frutificação de árvores e outras plantas está relacionada ao incêndio natural, que pode ocorrer a cada poucos anos, quando as frutas caem no solo, que está temporariamente rico em nutrientes provenientes do material depositado após o incêndio. Em geral, animais de grande porte são encontrados na savana, especialmente na África, como gnus, antílopes, zebras, búfalos e elefantes. Animais noturnos se adaptaram para reduzir a perda de água e se esconder de predadores (por exemplo, porco-formigueiro).

Os desertos quentes, apesar de sua reputação, abrigam plantas e animais. Os solos são geralmente pobres e carecem de coesão, uma vez que a cobertura vegetal é extremamente escassa e, portanto, a adição de matéria orgânica é baixa. O hábitat é mais favorável para a vida em áreas onde a água está concentrada, mas a maior parte da biomassa encontra-se no subsolo. As adaptações das espécies centram-se na maximização da conservação da água disponível. Por exemplo, os cactos armazenam muita água em seus caules, e suas folhas são, em geral, substituídas por espinhos; o arbusto de creosoto tem raízes bastante ramificadas que expelem toxinas no solo para impedir que outras sementes, incluindo as do creosoto, germinem, garantindo que não haja competição local pela água;

a madeira de muitas plantas do deserto dificulta a deterioração do material vegetal durante a seca; as gramíneas tendem a ser curtas e avolumadas, para se proteger contra a seca e o calor; longas temporadas de dormência são comuns para as plantas; as sementes, com frequência, só germinam quando as condições são úmidas, talvez muitos anos depois de terem sido depositadas, resultando em um florescimento repentino de vida durante um período chuvoso, mas fazendo que os descendentes não sejam vistos até o próximo evento chuvoso; animais estão adaptados para reduzir a perda de umidade por serem noturnos ou produzirem apenas pequenas quantidades de urina; e alguns animais e plantas são capazes de capturar orvalho, como o besouro-da-namíbia.

Biomas de montanha

A topografia também é um fator importante nos biomas. Em altas montanhas, em geral, os contrastes no ecossistema ficam mais evidentes à medida que aumenta a altitude. As zonas identificadas variam amplamente entre regiões montanhosas, mas é possível fazer uma classificação típica: zona de colina, onde a flora e a fauna estão relacionadas com as das terras baixas; zona montanhosa, com espécies comuns às montanhas, mas que geralmente é dominada por floresta decídua; zona subalpina, dominada por coníferas, com arbustos nas bordas superiores; zona alpina, sem árvores e com vegetação baixa, com gramíneas, ciperáceas e plantas de crescimento plano, extenso, com poucas folhas e, muitas vezes, com flores coloridas; e zona de neve, com vegetação esparsa composta principalmente de musgos e líquens, os quais conduzem à zona de gelo e neve sempre coberta.

Biomas aquáticos

O bioma marinho é o maior da Terra. Em áreas entremarés, vivem organismos adaptados à alta energia das ondas e às mudanças da maré. O alto gradiente das condições costeiras indica que há grande transição nos organismos da zona subtidal para a zona de respingo no topo da costa. As espécies também variam dependendo se as condições são arenosas, lamacentas ou rochosas. Onde a ação das ondas é forte, falta plantas fixas e as adaptações desenvolvidas pelos animais incluem forte sucção, para permitir que se fixem em rochas. A zona pelágica do oceano se estende até 4 mil metros de profundidade. Há luz para a fotossíntese até cerca de 200 metros de profundidade, e aqui algas e bactérias fornecem alimento para peixes e zooplânctons. Em profundidades superiores a 200 metros, os animais dependem mais dos plânctons que descem. Cerca de 90% dos animais no oceano que vivem entre 200 e mil metros de profundidade são bioluminescentes, seja para atrair ou encontrar presas, seja para se defender, seja para se comunicar em rituais de acasalamento. A zona bentônica é a área ao redor do assoalho oceânico, pode ter muito acúmulo de detritos e grande variedade de algas, bactérias, fungos, esponjas e vermes. A parte mais fria e escura do oceano, com mais de 4 mil metros de profundidade, é conhecida como zona abissal. Nela, a pressão é muito alta, há poucos nutrientes e nenhuma vida vegetal. Contudo, bactérias quimiossintéticas, que ficam em torno das fontes hidrotermais no assoalho oceânico do oceano, podem sustentar ecossistemas na zona abissal, incluindo peixes e invertebrados.

Tal como acontece com os oceanos, os ecossistemas de água doce são classificados em termos da sua zonação de profundidade. Embora, em geral, a água nos rios geralmente se misture bem e, nos lagos, ela dependa da estação e da profundidade (a de alguns lagos se mistura raramente). A estratificação ocorre quando a água quente no topo do lago retém a água mais fria abaixo, dificultando a mistura. Os lagos também podem estratificar no inverno se o gelo se formar na superfície e, assim, a água aquece com a profundidade. A mistura de lagos influencia o processo de transferência dos nutrientes. O topo (zona litoral) e a linha costeira suportam plantas flutuantes e enraizadas, uma vez que os níveis de luminosidade são adequadas para a fotossíntese, que alimentam o zooplâncton. Na zona profunda, são encontrados peixes e invertebrados, embora não haja luz suficiente para a fotossíntese sustentar as plantas. A zona bentônica é rica em vida alimentada por detritos que descem das camada superiores para o solo. No entanto, muitas vezes, nas partes mais profundas dos lagos, falta oxigênio, que é consumido pela decomposição dos detritos e restringe o funcionamento do ecossistema. Tal como as ilhas, alguns lagos estão isolados e contêm espécies únicas que evoluíram ao longo do tempo no seu ecossistema.

Embora a água do rio seja, em geral, bem misturada, pode haver meso-hábitats adequados para diferentes espécies. Por exemplo, lagos e corredeiras têm hábitats bastante variados: distintas condições de fluxo, luz e oxigênio; lagos mais profundos, cuja velocidade da água é lenta; sedimentos de leito mais fino; e menor teor de oxigênio. No interior desses meso-hábitats, podem existir micro-hábitats relacionados às diferenças de velocidade do fluxo dentro de áreas abrigadas, permitindo a acumulação de detritos, o que, por sua vez, influencia as espécies e a abundância de invertebrados aquáticos. As condições em torno do rio e ao longo de seu curso influenciam fortemente o ecossistema aquático. A produção primária aquática é menor em áreas muito sombreadas por árvores, assim, a serapilheira é fonte alimentar importante para as teias alimentares aquáticas. Nessas condições, micróbios e fungos ajudam a decompor os detritos, enquanto a ação abrasiva da água corrente e dos sedimentos decompõe os detritos em pedaços ainda menores, tornando-os adequados para consumo por diferentes tipos de invertebrados. Espécies que trocam seu exoesqueleto, como camarões, insetos aquáticos (plecópteros) e larvas de insetos da ordem trichoptera, consomem a matéria orgânica derivada da serapilheira, que, uma vez decomposta, produz matéria orgânica particulada muito fina, facilmente transportada rio abaixo, fornecendo uma fonte de alimento em outras partes da rede fluvial. No curso médio dos rios, a matéria orgânica particulada fina é vital para muitos organismos, incluindo os que recolhem e filtram da coluna de água e os que recolhem matéria orgânica do leito do rio. À medida que os rios se tornam mais largos, a sombra da vegetação das margens diminui e, assim, a produção primária aumenta, com mais criaturas pastando pelas plantas ou extraindo algas das rochas. Lagoas profundas têm menos iluminação no leito e, portanto, a matéria orgânica particulada fina pode predominar nesses locais, assim como invertebrados adaptados a essas fontes de alimento. Predadores, como peixes e anfíbios, consomem os invertebrados menores ao longo do curso do rio.

Em geral, existem também fortes interações entre os ecossistemas aquáticos e terrestres. Por exemplo, invertebrados terrestres que penetram ou caem no rio podem ser fontes de alimento para organismos aquáticos, enquanto pássaros, ursos e morcegos consomem animais aquáticos. Além disso, algumas espécies aquáticas emergem de sua forma larval para se tornar moscas, e podem virar presas de seres terrestres.

Os impactos humanos

Os seres humanos têm modificado a biosfera ao acelerar a erosão e a poluição ambiental, explorar excessivamente as espécies, provocar desmatamentos e extinções de espécies – de forma acidental (ratos que viajam em navios e, assim, se inseriram em hábitats novos) ou deliberada (introdução de novas culturas em uma área) –, dispersar espécies e influenciar sua evolução por meio da domesticação de culturas e animais. Além disso, se o sistema estiver altamente interligado, a remoção de uma espécie-chave – espécies altamente conectadas ao resto da teia alimentar – resulta em impactos significativos e, provavelmente, terá os piores efeitos no ecossistema. Essas são as **espécies fundamentais** (ver Quadro 6.2, para saber os impactos da reintrodução de uma espécie fundamental perdida). Os cães-da-pradaria são uma espécie fundamental em pastagens temperadas, agem como pastores, predadores, presas, e suas escavações servem de hábitats para outras espécies.

QUADRO 6.2 – OS LOBOS COMO ESPÉCIES FUNDAMENTAIS REINTRODUZIDAS NO PARQUE NACIONAL DE YELLOWSTONE

O lobo-cinzento foi eliminado de Yellowstone pelos humanos na década de 1930, o que levou a população de alces a não ter de se locomover tanto – por consequência, pastavam excessivamente salgueiros e álamos –, e, basicamente, apenas o rigor dos invernos determinava quantas carcaças de alces estariam disponíveis para as espécies necrófagas – assim, as fontes de alimentos se tornaram menos confiáveis. A reintrodução dos lobos, em meados da década de 1990, fez que os alces se tornassem mais móveis e vigilantes, evitando o sobrepastoreio, e sua população fosse mantida sob controle. Uma vez que são presas de lobos, voltaram a ser fontes regulares de alimento para animais necrófagos e outros predadores, como os ursos. Além disso, a agressão dos lobos aos coiotes beneficiou roedores e aves de rapina; o salgueiro e o álamo se recuperaram, de modo que há mais pássaros canoros e menos erosão nas margens dos rios, e as colônias de castores foram restabelecidas onde o salgueiro e o álamo puderam se recuperar, beneficiando a biodiversidade aquática. Há pesquisas em desenvolvimento sobre os impactos mais amplos da reintrodução dos lobos nos ecossistemas, mas os diversos impactos nas aves, nas árvores, nos peixes e nos mamíferos mostra a importância das espécies fundamentais.

Biodiversidade

A biodiversidade tem várias explicações, mas essencialmente é um termo que descreve o número e a variedade de espécies dentro de um ecossistema. Áreas globais de elevada biodiversidade geralmente não sofrem grandes alterações e não há casos de isolamento. Padrões regionais podem levar a alterações de curto prazo (incêndios naturais que mantêm a diversidade global do ecossistema) ou impactar na diversidade de hábitats. Sabe-se que a atividade humana, incluindo as mudanças climáticas aceleradas, está contribuindo para o declínio no número de espécies. Embora, atualmente, sejam conhecidas 1,5 milhão de espécies, talvez o dobro desse número ainda não foi descoberto. Dado que as florestas tropicais abrigam cerca de metade das espécies do mundo, o seu desmatamento é uma grande preocupação. A taxa de extinção natural normalmente é em torno de 1 mamífero por quatrocentos anos, mas, nos últimos quatrocentos anos, pelo que sabemos, cerca de 500 plantas e 600 animais foram extintos, sendo que, desses animais, 89 são mamíferos.

Muitas espécies desconhecidas podem estar sendo extintas neste exato momento. Isso é motivo de preocupação não só porque indica que estamos danificando os ecossistemas, mas também porque muitas plantas podem ter benefícios farmacêuticos importantes, e se forem "perdidas antes de serem encontradas", então a sua utilização medicinal nunca será descoberta. A eliminação de espécies pelo abate direto e excessivo por seres humanos, seja para fins alimentícios, para obter produtos de elevado preço (como marfim e óleo de baleia) ou para remover pragas, modificou muito o reino animal. Por exemplo, dos 60 milhões de bisões que viviam nas Grandes Planícies em 1700, apenas 21 indivíduos permaneciam em 1913.

Metade da cobertura florestal da Terra foi removida pelos seres humanos. O desmatamento começou há vários milhares de anos, acelerado pelo desenvolvimento do machado, e foi justificado por diferentes razões: surgimento da pecuária doméstica, que encorajou a limpeza de terras para a agricultura; aumento de demanda de combustível; e proteção contra os inimigos pela remoção de esconderijos nas florestas. O desmatamento progrediu em diferentes zonas do planeta, e seu foco atual está nas florestas tropicais, onde grandes quantidades de carbono são armazenadas na biomassa. Há evidências de que o desmatamento tropical está avançando para altitudes mais elevadas, ameaçando algumas regiões tropicais montanhosas, que também têm elevada densidade de carbono na biomassa.

Têm sido apontados alguns *hotspots*[1] na superfície terrestre onde a biodiversidade é particularmente elevada. O trabalho de Myers et al. (2000) mostrou que 44% de todas as espécies de plantas vasculares são encontradas em 25 *hotspots* que compreendem apenas 1,4% da superfície terrestre. Além disso, projeções indicam que esses locais sofrerão um aquecimento considerável até 2100. Surpreendentemente, algumas áreas são consideradas *hotspots*, como a vegetação natural dos Andes tropicais, que, embora a vegetação

1 *Hotspots* são áreas com grande biodiversidade, habitadas por espécies endêmicas, mas que correm risco de extinção. (N. T.)

tenha sido reduzida a 25% da sua extensão original pela ação humana, ainda contém 6,7% de todas as espécies de plantas do mundo e 5,7% de todos os animais vertebrados. Diante disso, Myers et al. insistem para chamar a atenção dos conservacionistas para os *hotspots*, em uma tentativa de proteger as espécies.

Espécies invasoras

Os seres humanos são agentes de dispersão e distribuição de espécies, o que foi contribuído pelo crescimento do transporte de longa distância e fez que a circulação de espécies superasse eficazmente antigas barreiras. Muitas vezes, a mudança deliberada de animais selvagens de uma região para outra teve consequências não intencionais no ecossistema, uma vez que espécies invasoras não nativas interferem nos processos do ecossistema original ao alterar as interações entre as espécies. Por exemplo, coelhos foram introduzidos na Austrália em 1787 e 1791 e, na falta de predadores, sua população cresceu a taxas enormes, danificando a cobertura vegetal nativa e transformando-se em pragas. Então, raposas foram então apresentadas como predadores naturais do coelho, mas elas preferiram atacar marsupiais e pássaros nativos, devastando essas populações. O esquilo-cinzento que foi introduzido na Europa, vindo da América do Norte, está atualmente forçando o esquilo-vermelho nativo na Grã-Bretanha a se deslocar. Muitas espécies de plantas e animais (por exemplo, ratos) se tornaram invasoras após serem acidentalmente transportadas em veículos, navios e aviões para outras regiões, e, às vezes, espalharam doenças ou levaram outras espécies à extinção. As introduções deliberadas e acidentais de espécies que atuam como ervas daninhas sem o controle natural dos predadores alteram os equilíbrios locais. Ter o cuidado de restringir o número de introduções indesejadas de espécies não nativas é uma atividade importante em aeroportos, portos e outras fronteiras, como parte do sistema de biossegurança. Alguns procedimentos de biossegurança são: revisão e higienização periódica de navios, aeronaves e correio; em navios, esvaziamento de tanques de água de lastro no meio da viagem; verificação, limpeza e secagem de canoas e outros objetos que foram inseridos em rios ou lagos antes de transferi-los para outras regiões também reduzem a transferência de espécies invasoras entre corpos d'água.

Agricultura

Atualmente, a agricultura domina a paisagem em muitas áreas do mundo, e a expectativa é que sua área aumente até 50% à medida que a população mundial cresce. O processo agrícola também aumentará o consumo de água, cuja disponibilidade ficará ainda mais restrita para outros ecossistemas. Os sistemas agrícolas são ecossistemas com gestão de entradas e saídas de energia e nutrientes, e controle de diversidade de espécies. Os fluxos de energia ocorrem ao longo de rotas simples. Grande parte da energia solar é disponibilizada para as plantações e, então, é transmitida mais diretamente (em relação aos sistemas naturais) aos seres humanos ou, indiretamente, pela pecuária em sistemas agrícolas. Ou seja, grande parte da produção primária é exportada do sistema como colheita, o que resulta em menos matéria orgânica e nutrientes no solo. Uma vez que há escassez de nutrientes e matéria orgânica, eles são, portanto, adicionados ao sistema pela aplicação de fertilizantes ou por rotações de culturas com anos de pousio. Sistemas agrícolas tendem a ter baixa biodiversidade e são bastante simples, pois herbicidas seletivos, reforçados pelo uso de fertilização seletiva ou capina manual ou mecanizada, reduzem a diversidade. Outros impactos da agricultura incluem o aumento das taxas de erosão do solo (ver Capítulo 2) e a lixiviação de pesticidas e fertilizantes nos cursos de água, alterando os ecossistemas aquáticos.

Em geral, a evolução é lenta, mas os seres humanos incentivam a evolução das espécies por meio de processos agrícolas. Indivíduos variantes de uma espécie só dão origem a uma nova linhagem sob condições que favoreçam a sua sobrevivência e lhes permitam manter a sua variância, evitando a fertilização cruzada com membros "normais" da mesma espécie, o que é naturalmente muito raro, assim como é raro duas espécies espontaneamente se cruzarem para obter um híbrido. Isso ocorre porque a fertilização cruzada das espécies-mãe amortece qualquer variação. Contudo, seres humanos podem criar hábitats que dão às variantes uma vantagem competitiva e, de fato, selecionam deliberadamente plantas e animais para domesticação. A seleção, plantação e propagação de plantas favorecidas, suas variantes e híbridos para satisfazer as necessidades humanas, favorecem o crescimento em condições que lhes são fornecidas, mas muitas delas não sobreviveriam à competição na natureza, pois perderam espinhos, pilosidade, resistência e assim por diante (o que é bom para o consumo humano, mas ruim quando se trata de sobreviver na natureza). Atualmente, a maioria das plantas cultivadas não tem a capacidade de se reproduzir ou manter-se de forma independente, muitas delas dependem inteiramente dos seres humanos para a sua propagação. A bananeira é um híbrido estéril que produz frutos atraentes, mas é incapaz de desenvolver as sementes necessárias à sua própria propagação. Cabe também notar que, hoje em dia, cerca de 85% dos alimentos fornecidos aos seres humanos derivam de menos de vinte espécies de plantas, o que desperta preocupações de que essas espécies já não sejam suficientemente resistentes para resistir a uma nova doença (imagine uma Covid-19 do mundo vegetal), e por isso devemos diversificar nossas fontes de alimentos. A **modificação genética** (MG) é mais um passo na mudança evolutiva que os humanos promovem na busca por culturas mais produtivas. A modificação genética acelera o processo de evolução da planta em comparação com o cruzamento ou melhoramento seletivo de culturas, aplicando no DNA as alterações determinadas pelos humanos, inserindo ou eliminando genes. Esse procedimento obtém um resultado preciso, ao contrário do processo de cruzamento. Os alimentos geneticamente modificados são motivo de preocupação em alguns países, embora as razões não sejam totalmente claras, dada a longa história de domesticação e reprodução seletiva.

Existem relativamente poucas espécies de gado domesticado, e esses animais de rebanho costumam sobreviver alimentando-se de vegetação pobre em nutrientes, ou seja, vivem em terras menos adequadas para culturas. Suínos e bovinos foram integrados à vida dos seres humanos há cerca de 10 mil anos, e, em torno de 2 mil anos, suínos, bovinos, ovinos, caprinos e búfalos foram domesticados e começaram a formar grupos de reprodução distintos dos seus antepassados selvagens. A reprodução seletiva modificou suas características físicas e fisiológicas; mais recentemente, porcos foram geneticamente modificados. A criação seletiva acelera as mudanças de uma espécie. Por exemplo, a variedade de cães domésticos, com a qual estamos familiarizados – como poodles, labradores, terriers, huskies, buldogues e pastores-alemães – se originou de uma única espécie – o lobo – e surgiu há apenas 12 mil anos, pela criação seletiva realizada pelos seres humanos.

A alimentação de países desenvolvidos costuma ser mais rica em proteínas, por causa da elevada proporção de carne e produtos lácteos. As tendências indicam que, à medida que os países em desenvolvimento crescem, as demandas por proteína também aumentam. Isso é problemático porque é preciso mais energia, terra e água para produzir esses alimentos. Metade das terras agrícolas dos Estados Unidos e Canadá é atualmente destinada para plantio de culturas para consumo animal. Portanto, não só o aumento da população impulsiona mudanças na produção arável, mas a riqueza das nações também muda os hábitos alimentares e, por consequência, as produções agrícolas. Muitas áreas já estão sobrecarregadas em termos de recursos hídricos, e o aumento da procura por carne e produtos lácteos aumenta dramaticamente a utilização da água, com impactos em outras partes do sistema natural.

Ecossistemas urbanos

Nas áreas urbanas, encontra-se metade da população mundial, que convive com animais domésticos, pragas e plantações controladas ou não, e forma ecossistemas próprios. Os ecossistemas urbanos incluem parques e jardins devidamente geridos, com introduções controladas de espécies, bem como terras abandonadas que são hábitats de espécies nativas e exóticas. Portanto, a diversidade de hábitats é elevada. As várias estruturas fornecem ambientes grandes e pequenos bastante diferentes, e alterações das construções e na utilização do solo indicam mudanças frequentes nos hábitats em diferentes partes da zona urbana.

As temperaturas mais altas, resultantes do efeito ilha de calor urbana (ver Capítulo 3), os fluxos de ar modificados e a pior qualidade do ar, em comparação com áreas rurais próximas, são componentes dos ecossistemas urbanos. Em geral, áreas urbanas produzem mais resíduos orgânicos – provenientes de esgotos e da indústria alimentícia – do que podem ser biologicamente decompostos e reciclados de volta ao ecossistema. Algumas espécies descobriram que a combinação de certas características urbanas é vantajosa. Por exemplo, muitos pássaros e outras espécies são atraídos pelos alimentos ricos em nutrientes presentes nos lixões; ratos-pretos, aranhas domésticas e ratazanas fazem parte do ciclo urbano de nutrientes; animais de estimação soltos (por exemplo, periquitos) exploram as áreas urbanas, das quais não são nativos; predadores em níveis tróficos mais elevados aproveitam as novas presas disponíveis nos ecossistemas urbanos. Além disso, a mudança agrícola nas zonas rurais, que eliminou os locais de abrigo, como arbustos e florestas, empurrou algumas espécies para as zonas urbanas, onde o abrigo é melhor.

Mudança climática

Pesquisas têm mostrado que as zonas de vegetação nas montanhas estão subindo, e as árvores estão se expandido a partir da taiga mais ao norte. A floração da primavera ocorre mais cedo, e as estações de floração estão mais longas. Essas mudanças estão ocorrendo, mas não é certo como a biosfera responderá às rápidas mudanças climáticas previstas para acontecer até 2100 (ver Capítulo 4). Como há muitas espécies de plantas para examinar e compreender o comportamento de cada uma delas, dadas as suas característica, foram elaborados vários modelos preditivos utilizando **tipos**

funcionais de plantas (plantas que partilham características e são semelhantes na sua associação com variáveis ambientais). Esses modelos indicam que algumas florestas tropicais do Sudeste da Ásia, América Central e Amazônia, assim como alguns chaparrais mediterrânicos, se tornarão savanas. Os modelos também apontam para a tendência de que as florestas perenes substituirão as pastagens em partes da América do Norte e do Norte da Europa. É claro que todo o quadro é bastante complexo, porque as plantas podem se desenvolver melhor com mais dióxido de carbono na atmosfera, e a poluição, que adiciona nitrogênio à atmosfera e no solo, estimula o crescimento das plantas.

Conservação

Conservação pode significar coisas diferentes para pessoas diferentes. Para alguns, é importante proteger uma espécie, enquanto outros a consideram uma praga. Os motivos de conservação podem incluir preocupações éticas, desejo de proteger algo porque parece bonito e enriquece a nossa vida, necessidade de manter a diversidade genética, necessidade de manter os sistemas complexos para que sejam mais robustos às mudanças ambientais e aos incentivos econômicos (como o turismo de safari), ou potenciais benefícios medicinais de fontes alimentares a serem descobertas. A gestão da conservação pode centrar-se no ecossistema, no hábitat ou nas espécies, e as estratégias envolvem a legislação para proibir, por exemplo, a caça de determinada espécie ou a entrada humana em reservas ambientais. Garantir que existam corredores para as espécies transitarem entre manchas dentro dos ecossistemas é outra estratégia de conservação.

É possível direcionar os esforços para conservar o *status quo* (embora seja um desafio no contexto das mudanças climáticas), reintroduzir espécies ou restaurar funções e fluxos dinâmicos de volta a um ecossistema. Estratégias especiais de conservação para garantir a existência de grande banco genético, como proteção contra as mudanças ambientais, podem ser elaboradas. Dado que muitas culturas e animais domesticados não sobreviveriam na natureza, existe a preocupação de que possa surgir uma doença ou outro desastre que elimine essas espécies domesticadas. Nesse caso, não teríamos ancestrais selvagens mais robustos para desenvolver os alimentos do futuro; esse cenário tem claramente a ver com a sobrevivência dos seres humanos e, por isso, recebe incentivo econômico.

Uma vez que a conservação pode ser emocional, há movimentos para criar medidas racionais com a finalidade de definir onde alocar esforços e recursos. Um modelo adota a abordagem dos **serviços ecossistêmicos**. Os serviços ecossistêmicos são aqueles que apoiam os humanos de alguma forma. Podem ser: serviços de suporte, como formação do solo, fotossíntese, produção primária e ciclagem de nutrientes e da água; serviços de provisão, como alimentos, fibras, combustível, produtos químicos, medicamentos e água doce; serviços de regulação, tais como regulação de inundações, do clima, de doenças e de riscos naturais; purificação de água; polinização; e serviços culturais, como recreação, enriquecimento espiritual, aprendizagem, reflexão e valores estéticos. Portanto, avaliar os serviços que os ecossistemas prestam à sociedade ajuda a concentrar a atenção onde o investimento e a mudança podem ser necessários. Se a água for escassa e, portanto, valiosa, mas a segurança hídrica puder ser melhorada com a gestão do ecossistema a montante, então isso influenciará as tomadas de decisões. O investimento nessas mudanças pode valer a pena, apesar de outro serviço correr o risco de ser reduzido (por exemplo, o fornecimento de madeira para mobiliário). A economia permite avaliar o que é mais valioso – os móveis ou a água – e direcionar os investimentos para mudar a gestão e, talvez, até compensar os silvicultores ou os fabricantes de móveis, pois isso ainda seria mais barato do que ter de obter água de um local diferente. É claro que analisar as situações economicamente não elimina a subjetividade em certas áreas. Por exemplo, é difícil atribuir um valor econômico aos serviços culturais de preservação arqueológica ou ao significado espiritual de uma paisagem. Portanto, é necessário que haja uma visão mais ampla e equilibrada sobre como avaliar a prestação de serviços de diferentes ecossistemas para conservá-los. Mesmo assim, a conscientização crescente para os vastos serviços que os ecossistemas prestam é benéfica e permite que as pessoas apreciem e valorizem os serviços oferecidos por sistemas bastante distantes e compreendam por que eles precisam ser protegidos.

A **pegada ecológica** é outra ferramenta que permite às pessoas compreenderem como as atividades que realizam e os produtos que consomem têm amplo impacto no ambiente. Ela estima a quantidade de recursos ecológicos utilizados por indivíduos, empresas ou países. É a medição da quantidade de área biologicamente produtiva necessária para produzir os recursos utilizados e para absorver os resíduos criados por uma atividade ou na criação de um produto. A maioria dos países desenvolvidos utiliza mais recursos do que consegue sustentar e, portanto, registra um déficit ecológico. Os Estados Unidos, por exemplo, têm grande déficit, enquanto a Argentina tem um superávit. Foi estimado em 2021, pela Global Footprint Network, que a Terra leva vinte meses para regenerar o que usamos atualmente em doze meses. A medição pode ser utilizada para definir metas de redução do consumo ou aumento da produtividade ecológica (por exemplo, jardins em telhados, ou telhados verdes).

Resumo

- Luz, temperatura, umidade e fatores geológicos, humanos e bióticos – tais como competição, adaptação, migração, mutualismo, comensalismo, predação e amensalismo – influenciam a formação da biosfera.
- Ecossistemas são dinâmicos, com entradas de energia, ciclos de nutrientes e mudanças sofridas ao longo do tempo.
- Os biomas frios da tundra e da taiga têm baixa produtividade, e a vegetação cresce lentamente, restringida por estações de floração curtas. O incêndio natural irregular é um recurso que regenera e aumenta a produtividade na taiga.

- Os biomas temperados da floresta decídua, da floresta perene, do chaparral mediterrâneo e das pastagens temperadas são dominados pela sazonalidade, sendo que os dois últimos apresentam mais adaptações ao fogo.
- Os principais biomas nos trópicos são as florestas tropicais (altamente produtivas e diversificadas), as savanas (de baixa produtividade) e os desertos (quentes e de baixa produtividade). As espécies da savana são adaptadas ao fogo regular.
- Os seres humanos exerceram grande impacto na biosfera ao reduzir a biodiversidade através do desmatamento, da agricultura, da exploração excessiva de espécies, e outros danos ambientais.
- Os seres humanos contribuíram para a migração de espécies em todo o mundo, tanto intencional quanto não intencionalmente, muitas vezes com consequências adversas, e aumentaram a taxa de evolução das culturas e da pecuária.
- Mudanças climáticas impulsionam alterações nos biomas e representam grandes desafios para a conservação.
- A avaliação adequada de toda a gama de serviços que os ecossistemas oferecem aos seres humanos proporciona uma análise das estratégias de gestão dos ecossistemas e aumenta o ímpeto para garantir que os ecossistemas sejam geridos de forma sustentável.

Leituras adicionais

BEGON, M.; HOWARTH, R. W.; TOWNSEND, C. R. *Essentials of Ecology*. 4.ed. Chichester: Wiley-Blackwell, 2014.

Uma boa introdução sobre ecologia.

COX, C. B.; MOORE, P. D.; LADLE, R. J. *Biogeography*: an Ecological and Evolutionary Approach. 9.ed. Chichester: Wiley- Blackwell, 2016.

Livro sobre biogeografia, muito utilizado.

DICKINSON, G.; MURPHY, K. *Ecosystems*. 2.ed. Abingdon: Routledge, 2007.

Excelente livro que aborda conceitos relacionados ao ecossistema, como os fluxos de energia e materiais, alterações do ecossistema, sucessão e impactos humanos. Também traz uma boa seção sobre os biomas.

HOLDEN, J. (Ed.). *An Introduction to Physical Geography and the Environment*. 4.ed. Harlow: Pearson Education, 2017.

Bem ilustrados e escritos por especialistas, leia principalmente os seguintes capítulos: "The Biosphere" (p.253-76), "Ecosystem Processes" (p.277-97), "Freshwater ecosystems" (p.298-322) e "Vegetations and Environmental Change" (p.323-43).

MOSS, B. *Ecology of Freshwaters*: Earth's bloodstream. 5.ed. Chichester: Wiley-Blackwell, 2018.

Amplo livro sobre a natureza integrada dos sistemas de água doce.

WILSON E. O. *The Diversity of Life*. 2.ed. London: Belknap Press, 2010.

Livro premiado, com linguagem leve e altamente informativo.

ZAEHLE, S. Terrestrial Nitrogen-Carbon Cycle Interactions at the Global Scale. *Philosophical Transactions of the Royal Society B: Biological Sciences*, v.368, art.20130125, 2013.

Este artigo científico ilustra como a modelagem pode ajudar a entender os processos do ecossistema e a ciclagem de nutrientes.

7
As soluções em geografia física

Com a procura cada vez maior de alimentos, energia, água, minerais e metais raros pela população mundial crescente e em desenvolvimento, é necessário desenvolver soluções para os principais desafios globais, à medida que o ambiente está sendo alterado e que as mudanças climáticas aumentam os desafios de migração e de bem-estar criados pelas guerras. O uso de tecnologias, como as técnicas de detecção remota (ver boxes 2.1, 5.1, 5.3 e 5.6) e os sofisticados sistemas de alerta automatizados de inteligência artificial (boxes 2.2 e 5.2), fornece apoio importante para a gestão de riscos. Esses sistemas operam todos os dias. O monitoramento e a modelagem (boxes 3.1 e 4.1, seções sobre o IPCC no Capítulo 4 e seção sobre as mudanças climáticas no Capítulo 6) ajudam geógrafos físicos a fazer previsões sobre os *feedbacks* interligados do sistema terrestre, para que seja possível compreender como as mudanças ambientais progridem e como diferentes cenários de gestão ambiental podem se desenrolar. Essas ferramentas existentes, e outras que são desenvolvidas todos os dias, fornecem informações aos formuladores de políticas e gestores ambientais para que abordagens mais adequadas para a gestão das mudanças ambientais sejam elaboradas.

Controlando os riscos ambientais

Existe uma ampla variedade de riscos naturais. Alguns tornaram-se mais perigosos para os seres humanos por causa da concentração populacional em áreas-chave (por exemplo, planícies aluviais e zonas costeiras), enquanto outros tornaram-se potencialmente mais ameaçadores devido ao impacto humano no clima da Terra (por exemplo, incêndios florestais, tempestades e aumento do nível do mar) e nas paisagens (por exemplo, desmatamento, que amplia potencialmente o risco de inundações). Os seres humanos também criaram soluções eficazes para gerir alguns perigos (como avisos de tsunami e tratamento da qualidade da água).

Os riscos ambientais resultam de eventos ou substâncias que causam danos ou perturbações aos seres humanos. Existem os riscos físicos (como os associados a erupções vulcânicas), riscos biológicos (incluindo doenças infecciosas como a Covid-19) e riscos químicos (como a poluição do ar e da água). Os riscos também podem ter efeitos multiplicadores, criando eventos compostos, à medida que interagem entre si. Por exemplo, uma seca pode levar à formação de crostas na superfície do solo e à redução da capacidade de infiltração, e talvez a incêndios florestais que removem a vegetação superficial. Se ocorrer uma tempestade logo após um período seco ou um incêndio florestal, aumenta a probabilidade de haver inundações, porque não há vegetação para abrandar o fluxo de água e a capacidade de infiltração no solo é menor. Além disso, a remoção da vegetação também pode resultar em deslizamentos de terra, e a erosão superficial do solo aumenta, enquanto a poluição dos corpos d'água aumenta à medida que os poluentes superficiais são lavados da superfície terrestre. Portanto, compreender as relações entre os diferentes riscos é importante para avaliar a situação e chegar a uma tomada de decisão. Essa compreensão exige que pesquisadores de diferentes áreas trabalhem juntos.

Os cientistas desenvolveram soluções interdisciplinares, que em geral envolvem aumento de informações emitidas para a comunidade e construção de infraestruturas e sociedades adaptadas ao ambiente.

Existem soluções de mitigação e soluções de adaptação. As medidas de mitigação e adaptação são geralmente tomadas em conjunto. A mitigação envolve redução da vulnerabilidade a um risco, como a implementação de medidas projetadas para lidar com as cheias naturais nas cabeceiras de uma bacia hidrográfica para reduzir as cheias a jusante, ou a imposição do uso de zonas tampão e do calendário adequado de aplicações de fertilizantes para reduzir a quantidade de lixiviação de nitratos adicionados aos cursos d'água. A adaptação, por outro lado, não trata da causa de um risco, mas concentra-se na minimização dos impactos. Por exemplo, empresas em uma zona de inundação podem ter prateleiras móveis para mover produtos para níveis mais elevados quando houver um alerta de enchente. A confiança das empresas e das comunidades aumenta quando os avisos são precisos e claros. Para isso, pesquisadores utilizam tanto modelos em tempo real quanto monitoramento e modelagem de cenários a longo prazo, em uma tentativa de melhorar continuamente as previsões de cheias.

Sistemas de alerta precoce de terremotos ou vulcões que usam tecnologias de sensoriamento remoto para medir pequenas mudanças na superfície terrestre, bem como conjuntos de modelos meteorológicos executados ao mesmo tempo para obter melhores previsões de tempestades, são exemplos de soluções para aprimorar a resposta da comunidade aos perigos e reduzir os danos de risco de tempestades. No entanto, é verdade que as comunidades desfavorecidas sofrem mais com riscos naturais. Uma proporção maior vive em planícies aluviais, em edificações de pior qualidade e menos resistentes a terremotos, e tem menos recursos para se movimentar quando são emitidos avisos de perigo iminente. Assim, pesquisadores e formuladores de políticas públicas precisam se empenhar ainda mais para encontrar soluções viáveis que apoiem os mais vulneráveis da sociedade. Não basta desenvolver aplicativos de alerta de perigo para *smartphones* se os mais vulneráveis não têm acesso a um celular. O envolvimento social é fundamental para lidar com os perigos e as mudanças ambientais, por isso a própria sociedade precisa estar envolvidas no desenvolvimento de soluções e no aumento de sua adaptação.

Lidando com as mudanças ambientais

Sabemos que o clima vai mudar. O estudo dos relevos da Terra mostra como eles foram moldados por mantos de gelo, glaciares e atividade periglacial ao longo do tempo, em áreas onde atualmente não existe gelo. O nível do mar subiu e desceu paralelamente ao recuo e avanço do gelo. Mesmo sem intervenção humana, haveria mudanças climáticas. No entanto, as modificações provocadas pelos humanos na composição atmosférica e no clima são excepcionais. Da mesma forma, são enormes as alterações provocadas nos ecossistemas, solos, cursos de água, fluxo e alterações dos canais dos rios, qualidade da água e dinâmica dos sedimentos costeiros. É difícil ver como essas mudanças não serão agravadas em um futuro próximo, uma vez que existem grandes desafios pela frente.

Por exemplo, precisamos resolver o problema do abastecimento de alimentos e de água para a crescente população mundial, que deve alcançar 9 bilhões por volta de 2050, sem devastar muitos ecossistemas, que fornecem serviços fundamentais e biodiversidade. Precisamos combater as mudanças climáticas e seus impactos por meio da mitigação e da adaptação. Esses desafios exigem cooperação internacional como nunca vista antes.

A cooperação é necessária porque a Terra tem um sistema climático que afeta todas as nações. Tecnologia, recursos e comércio estão interligados globalmente, com uma economia global. A produção de carbono e de alimentos ocorre, em geral, em regiões diferentes daquelas onde os produtos são usados ou consumidos. A necessidade de cooperação foi exemplificada pela **tragédia dos comuns**, baseada em histórias antigas, delineada por Garrett Hardin (1968) e publicada na revista *Science*. Essa teoria fala de um campo que qualquer pessoa pode usar, no qual espera-se que cada agricultor mantenha o máximo de gado possível para seu sustento. Contudo, a lógica desse recurso comum leva a uma tragédia. Cada agricultor procura maximizar o seu ganho e pensa em acrescentar mais uma vaca ao rebanho. No entanto, essa ação tem um efeito negativo e outro positivo. O efeito positivo é que o agricultor ganha dinheiro com esse animal extra, mas o efeito negativo é o sobrepastoreio adicional criado por esse animal. Dado que os efeitos do sobrepastoreio são compartilhados por todos os agricultores que utilizam o campo, o prejuízo para um único agricultor é, portanto, pequeno. O problema é que o agricultor pode pensar em adicionar mais animais, chegando sempre à mesma conclusão. Na verdade, todos os agricultores pensarão de forma semelhante, e é isso que leva à tragédia. Cada agricultor está dentro de um sistema que o incentiva a aumentar seu rebanho indefinidamente, mas em um campo com recursos limitados isso o deixará sobrepastoreado e, assim, toda a vegetação será removida. Portanto, nenhum dos animais sobreviverá e os agricultores ficarão arruinados.

Embora esse exemplo da tragédia dos comuns possa parecer estranho, pois podemos pensar que os agricultores perceberiam a limitação do campo e, coletivamente, tentariam compartilhar de forma sustentável seus recursos, na verdade, isso é o que costuma acontecer. Não é um exemplo tão estranho, uma vez que é análogo à liberdade das pessoas ou dos países para disparar qualquer quantidade de poluentes para a atmosfera ou para os oceanos, como se fossem recursos ilimitados. No entanto, o manejo coletivo ou institucional, com regras ou tradições cuidadosas que as pessoas devem seguir, pode evitar a sobrexploração. Os recursos do planeta são finitos e, portanto, devemos geri-los adequadamente. É essencial comunicar a natureza do problema a todos que são afetados, e é aqui que entra a geografia física. A geografia física informa gestores ambientais e tomadores de decisões de políticas sobre potenciais ameaças ao ambiente e sobre possíveis soluções para protegê-lo e melhorá-lo (por exemplo, quais as melhores maneiras de aumentar o carbono no solo de terras agrícolas para reter mais nutrientes e umidade). A geografia física fornece a visão científica e a compreensão dos componentes interconectados do sistema terrestre, permitindo-nos compreender quais recursos temos atualmente e como eles são afetados pelos diferentes processos que ocorrem em distintas partes do planeta.

O ambiente é dinâmico, e sabemos, pelos temas abordados neste livro, que mecanismos complexos de *feedback* operam na Terra, gerando às vezes taxas e orientações de mudança surpreendentes. Uma mudança gradual e lenta, que permite pensar com calma em uma solução de gestão, pode tornar-se uma mudança rápida se o sistema tiver atingido um limiar e sair subitamente de um estado estável (ver Capítulo 6). É como um rio que muda de curso de repente por causa do acúmulo gradual de sedimentos que obstruem o canal, não oferendo mais uma rota ideal para o fluxo. Um exemplo de ponto de virada ocorreu no sistema de circulação termohalina (ver Capítulo 2). Esses exemplos mostram que o ambiente físico e as mudanças ambientais são muitas vezes incertos. Por isso, a gestão ambiental deve ser feita desde o início, provavelmente muito antes de haver uma compreensão clara de como se darão as mudanças – esse é o **princípio da precaução**. A tomada de decisão precoce envolve riscos porque pode ser a ação errada, ser dispendiosa para implementar e não ter sido necessária. Contudo, muitas vezes os custos e as consequências de não agir precocemente são enormes.

A pesquisa em geografia física revela muito sobre como o mundo funciona e, ao fornecer informações sobre o funcionamento integrado dos processos da superfície da Terra e dos *feedbacks* que muitas vezes acontecem, orienta a gestão e a elaboração de políticas. A compreensão sobre os sistemas terrestres incentivou a organização de encontros internacionais sobre mudanças climáticas; o desenvolvimento de novas tecnologias energéticas; a rápida ação internacional nas décadas de 1980 e 1990 em relação aos CFCs, para lidar com o buraco na camada de ozônio na Antártida; e a elaboração de leis para combater a pesca excessiva, proteger solos, desenvolver soluções integradas de manejo de terras para enchentes, qualidade da água, gestão costeira e assim por diante. Embora o meio ambiente esteja sendo danificado há algum tempo, agora temos conhecimento disso e esforços internacionais estão sendo feitos para resolver os problemas, por exemplo, a busca por novas soluções de geoengenharia (ver Capítulo 4).

Apoiando os objetivos de desenvolvimento sustentável

Assim como o sistema climático da Terra, os processos da **geomorfologia** e da biosfera estão inter-relacionados. Os principais desafios do mundo estão relacionados às alterações climáticas, fornecimento de energia, pobreza, desnutrição, doenças e disparidades sociais entre os países. O empoderamento resulta da compreensão das relações entre seres humanos e meio ambiente, e permite que governos e indivíduos tomem medidas ponderadas, minimizando os efeitos negativos de *feedback*.

A necessidade de compreender os processos que operam próximos da superfície terrestre, a fim de fornecer informações para a gestão ambiental em apoio ao desenvolvimento humano sustentável, deveria ser um impulsionador para as pesquisas. Em 2015, os Objetivos de Desenvolvimento Sustentável (ODS) das Nações Unidas se tornaram metas mundiais a serem alcançadas até 2030. Existem dezessete objetivos principais, cada um com várias submetas, que incluem, por exemplo, erradicação da fome, promoção da saúde e do bem-estar, igualdade de gênero, acesso à água potável e ao saneamento, energia acessível e limpa, consumo e produção responsáveis, gestão climática e proteção da vida aquática e terrestre. Os ODS visam a erradicação da pobreza ao mesmo tempo que protegem o meio ambiente. Estima-se que, para alcançar esses objetivos, serão necessários 4 trilhões de dólares por ano, um custo que provavelmente aumentou após a pandemia global da Covid-19. Do ponto de vista da geografia física, têm sido desenvolvidas soluções para a erradicação da fome por meio de avanços tecnológicos na agricultura de precisão (ver Capítulo 2), sensoriamento remoto das condições do solo e das culturas e pesquisas sobre o zero líquido na agricultura, as funções do solo e dos processos hidrológicos, a dinâmica dos ecossistemas, a ciclagem biogeoquímica e o intemperismo das rochas (ver, por exemplo, Boxe 4.3).

Fazendo novas descobertas

Este breve capítulo final focou na natureza aplicada da geografia física, necessidade de gestão ambiental colaborativa e importância da pesquisa para direcionar o gerenciamento. No entanto, encerro com uma observação: também precisamos de uma geografia física dinâmica. Escrevo como um cientista-pesquisador (na verdade, como professor titular de Geografia Física na Universidade de Leeds), apaixonado por garantir que a ciência tenha impacto na sociedade e no meio ambiente. Por isso mesmo, devemos permitir que a investigação orientada pela curiosidade sobre os processos ambientais prospere. Com frequência, são feitas descobertas surpreendentes, com enormes impactos na sociedade, quando há uma comunidade científica próspera capaz de seguir novos caminhos para compreender como o mundo funciona, sem que haja necessariamente um objetivo social específico em mente. Os inventores do *laser*, por exemplo, investigavam algumas das teorias de Einstein e não previram seu uso prático em cirurgia oftalmológica, aparelhos de DVD ou mapeamento geomorfológico. Os micro-ondas e a penicilina são resultados de pesquisas que iniciaram investigando algo completamente diferente de seu uso atual. Recentemente, pesquisadores japoneses estudaram a estrutura de algumas enzimas e, ao modificá-las para investigar detalhadamente suas propriedades estruturais, descobriram que haviam acidentalmente melhorado sua capacidade de decompor alguns tipos de plástico. Tal conquista pode ser uma solução importante para lidar com os resíduos plásticos no meio ambiente. Pesquisadores do laboratório marinho Mote, na Flórida, estabeleceram alguns viveiros de corais como parte da pesquisa sobre o crescimento dos corais, que, como crescem muito lentamente, parece um grande desafio pensar que podemos restaurar ativamente seus sistemas danificados. No entanto, os pesquisadores descobriram acidentalmente que pequenos fragmentos de coral podem crescer rapidamente e se unir, criando grandes áreas de crescimento a cada mês, em um ritmo muito mais rápido do que as larvas de coral conseguem espalhar (Forsman et al., 2015). Agora, eles usam essa descoberta como uma forma de restauração, quebrando os corais em pequenos fragmentos e permitindo que cresçam juntos em colônias maiores, que podem então ser plantadas no oceano para ajudar a restaurar sistemas danificados. Outro exemplo de descoberta acidental é a impressão digital do DNA, que permite que os indivíduos sejam identificados e a árvore genealógica, rastreada. Do ponto de vista ambiental, essa técnica permite que os pesquisadores examinem populações de animais para determinar o sucesso das medidas de conservação, monitorando histórico familiar, papel dos indivíduos, padrões de reprodução ou apenas presença ou ausência de espécies ameaçadas ou invasoras (por exemplo, rastreando DNA em excrementos de animais ou em amostras de solo e água) e, em seguida, intervindo com base nas descobertas. Essa técnica também tem diversas outras aplicações, incluindo o estudo de ambientes antigos.

Espero que os exemplos acima, e este livro como um todo, sirva como incentivo para você estudar mais a geografia física, não apenas porque pode precisar saber como funcionam os componentes do sistema terrestre para a sua profissão ou para passar em um exame, mas porque realmente quer saber como funciona o sistema da Terra. Você pode simplesmente fazer uma descoberta fortuita que beneficie o meio ambiente e/ou encontrar uma solução para as mudanças ambientais e os perigos que os seres humanos enfrentam. Ao fazê-lo, poderá beneficiar muitos seres humanos a longo prazo e apoiar a concretização contínua dos ODS.

Resumo

- Os riscos ambientais físicos, biológicos e químicos podem ocorrer de forma independente ou em combinação, resultando às vezes em eventos compostos.
- As soluções de mitigação e adaptação aos perigos e às mudanças ambientais geralmente são abordadas em conjunto.

- Muitas vezes são necessárias abordagens interdisciplinares e envolvimento das partes interessadas para fornecer soluções sobre os riscos ambientais e as mudanças ambientais.
- Os Objetivos de Desenvolvimento Sustentável incentivam organizações governamentais e não governamentais, nacionais e internacionais, a trabalhar em prol de resultados comuns para erradicar a pobreza e, ao mesmo tempo, proteger o ambiente.
- A pesquisa focada no impacto social e ambiental deram bases para muitas soluções ambientais, mas a pesquisa dinâmica e motivada pela curiosidade também deve ser incentivada, pois pode fornecer soluções importantes para grandes desafios a longo prazo.

Leituras adicionais

FORSMAN, Z. H. et al. Growing Coral Larger and Faster: Micro-Colony-Fusion as a Strategy for Accelerating Coral Cover. *PeerJ*, v.3, e1313, 2015. Disponível em: https://doi.org/10.7717/peerj.1313. Acesso em: 5 ago. 2024.

Artigo que descreve a prova e os benefícios de uma descoberta acidental sobre como acelerar o crescimento dos corais, tal como descrito na seção final deste capítulo.

HOLDEN, J.; MCDONALD A. T. Dealing with Hazards and Environmental Change. In: HOLDEN, J. (Ed.). *An Introduction to Physical Geography and the Environment*. 4.ed. Harlow: Pearson Education, 2017. p.719-35.

Trata dos princípios fundamentais e da gestão ambiental.

PINE, J. C. *Hazards Analysis*: Reducing the Impact of Disasters. Boca Raton Florida: CRC Press, 2014.

Este livro prático trata sobre identificação e análise de risco, gestão e adaptação.

Referências bibliográficas

BHASKAR, A. S. et al. Hydrologic Signals and Surprises in U.S. Streamflow Records During Urbanization. *Water Resources Research*, v.56, e2019WR027039, 2020.

CAO, C. et al. Urban Heat Islands in China Enhanced by Haze Pollution. *Nature Communications*, n.7, art.12.509, 2016.

EVANS, C. D.et al. Overriding Water Table Control on Managed Peatland Greenhouse Gas Emissions. *Nature*, v.593, p.548-52, 2021.

FAWZY, S. et al. Strategies for Mitigation of Climate Change: a Review. *Environmental Chemistry Letters*, v.18, n.5, p.2069-94, 2020.

FORSMAN, Z. H. et al. Growing Coral Larger and Faster: Micro--Colony-Fusion as a Strategy for Accelerating Coral Cover. *PeerJ*, v.3, e1313, 2015.

HARDIN, G. The Tragedy of the Commons. *Science*, 162, n.3859, p.1243-8.

HUBAU, W. et al. Asynchronous Carbon Sink Saturation in African and Amazonian Tropical Forests. *Nature*, v.579, p.80-7, 2020.

IPCC. *Climate Change 2014*: Synthesis Report. Contribution of Working Groups I, II and III to the Fifth Assessment Report of the Inter-governmental Panel on Climate Change. R. K. Pachauri; L. A. Meyer (Eds.). Geneva: IPCC, 2014.

______. *IPCC Special Report on the Ocean and Cryosphere in a Changing Climate*. H.-O Pörtner et al. (Ed.). Geneva, IPCC, 2019.

KELLAND, M. E.et al. Increased Yield and CO_2 Sequestration Potential with the C4 Cereal Sorghum Bicolor Cultivated in Basaltic Rock Dust-

-Amended Agricultural Soil. *Global Change Biology*, v.26, p.3658-76, 2020.

KING, M. D. et al. Dynamic Ice Loss from the Greenland Ice Sheet Driven by Sustained Glacier Retreat. *Communications Earth and Environment*, v.1, art.1, 2020.

LEWIS, S. L.; MASLIN, M. A. Defining the Anthropocene. *Nature*, 519, p.171-80, 2015.

MYERS, N. et al. Biodiversity Hotspots for Conservation Priorities. *Nature*, v.403, n.853-8, 2000.

RITCHIE, H. Sector by Sector: Where do Global Greenhouse Gas Emissions Come From? *Our World in Data*, 18 set. 2000. Disponível em: https://ourworldindata.org/ghg-emissions-by-sector. Acesso em: 19 maio 2024.

ROSS, M. R. V. et al. AquaSat: a Data Set to Enable Remote Sensing of Water Quality for Inland Waters. *Water Resources Research*, v.55, n.11, p.10.012-25, 2019.

SHEPHERD, A. et al. Mass Balance of the Greenland Ice Sheet from 1992 to 2018. *Nature*, 579, p.233-9, 2020.

STEFFEN, W. et al. Planetary Boundaries: Guiding Human Development on a Changing Planet. *Science*, v.347. art.1259855, 2015.

VOSS, K. A. et al. Groundwater Depletion in the Middle East from GRACE with Implications for Transboundary Water Management in the Tigris-Euphrates-Western Iran Region. *Water Resources Research*, v.49, n.2, p.904-14, 2013.

WOOSLEY, R. J.; MILLERO, F. J. Freshening of the Western Arctic Negates Anthropogenic Carbon Uptake Potential. *Limnology and Oceanography*, Washington D.C., v.65, n.8, p.1834-46, 2020.

ZAEHLE, S. Terrestrial Nitrogen-Carbon Cycle Interactions at the Global Scale. *Philosophical Transactions of the Royal Society B: Biological Sciences*, v.368, n.1.621, 20130125, 2013.

Glossário

Aerossóis. Partículas microscópicas contidas na atmosfera que interferem na energia que entra na Terra vinda do Sol e na energia que sai da superfície terrestre. Os aerossóis influenciam no resfriamento ou aquecimento do clima do planeta.

Agricultura orgânica. Agricultura que proíbe ou minimiza o uso de fertilizantes e pesticidas produzidos pelo ser humano; depende de processos biológicos naturais para manter a fertilidade do solo e controlar as pragas.

Albedo. Proporção da energia recebida do Sol que é refletida por uma superfície. A neve tem alto albedo, enquanto o asfalto tem baixo albedo.

Antropoceno. Era geológica que define o período em que os seres humanos são o motor dominante da mudança ambiental. Ainda não foi formalmente reconhecida pelos comitês geológicos internacionais.

Aquífero. Formação geológica que permite que a água seja armazenada em uma rocha que seja suficientemente porosa, para absorver e reter água, e permeável, para permitir que as águas subterrâneas fluam livremente.

Aresta. Estreita cordilheira montanhosa entre dois circos adjacentes.

Avulsão. Mudança repentina do curso de um rio, que abandona o curso antigo e toma um novo em outro ponto da planície de inundação.

Bases. Substâncias que possuem pH superior a 7 e liberam íons de hidróxido (OH^-).

Berma. Limite da zona de arrebentação, possui declive acentuado e topo plano.

Biodiversidade. Número e variedade de diferentes espécies de plantas e animais de um ecossistema.

Biogeografia. Estudo de padrões e processos espaciais relacionados à distribuição de plantas e animais e às interações entre os organismos vivos e o meio ambiente.

Biomassa. Massa total de organismos vivos localizados abaixo e acima do solo.

Buracos de chaleira. Depressões na superfície de um depósito de sedimentos glaciais, formadas por blocos de gelo rodeados por sedimentos que, após derreterem, deixam um buraco no sedimento.

Cadeia alimentar. Ligações alimentares entre espécies dentro de um ecossistema, indicando quais espécies se alimentam de outras.

Camada ativa. Camada de solo na parte superior do permafrost que é sazonalmente congelada e descongelada.

Capacidade de infiltração. Taxa máxima de fluência da água da superfície para o solo. Ela pode variar ao longo do tempo, dependendo da umidade do solo e das condições da superfície.

Capacidade de troca catiônica. Medida da capacidade de um solo reter e liberar certos elementos, dependendo da carga líquida negativa dos minerais argilosos em seu interior.

Cárstico. Paisagem moldada pelo intemperismo da rocha calcária, caracterizada por túneis de drenagem subterrâneos, depressões superficiais e, algumas vezes, altas torres rochosas.

Circos. Bacias curvas erodidas nas encostas das montanhas pelas geleiras. Eles possuem paredes rochosas íngremes, uma bacia rochosa e às vezes uma morena terminal.

Circulação termohalina. Circulação oceânica profunda em larga escala, envolvendo movimentos verticais e laterais de grandes porções de água, impulsionados por gradientes de densidade da água, resultantes de variações de temperatura e salinidade da água.

Coesão. Atração entre moléculas que mantém uma substância unida.

Col. Uma cavidade que se forma em uma aresta a partir da erosão localizada, muitas vezes proporcionando uma passagem entre os picos das montanhas.

Compostos. Substâncias constituídas por dois ou mais elementos diferentes, quimicamente ligados entre si.

Condutividade hidráulica. Capacidade de fluência da água através de uma substância, como solo, rocha ou material vegetal, determinada por um gradiente hidráulico.

Convecção. Movimento molecular responsável pela transferência de energia, como o calor, por meio de um fluido.

Cordão litorâneo. Estreita faixa de areia que se projeta para o mar, geralmente curvada em direção a ele, com uma extremidade ligada ao continente. Eles ocorrem onde a direção da costa muda, por exemplo, na foz de um estuário.

Corredeiras ou *riffles*. Acúmulo de sedimentos grossos ao longo de secções pouco profundas do rio, que formam depósitos de barras e que tendem a estar espaçados a jusante entre cinco e sete vezes a largura do canal.

Corrente de maré. Fluxo de água produzido pela subida e descida das marés, mais pronunciado em foz dos rios, estuários e onde o fluxo é comprimido pelas enseadas.

Correntes de jato. Ventos estreitos e de alta velocidade causados por gradientes acentuados de temperatura, localizados dentro das ondas de Rossby na alta atmosfera. Podem ter milhares de quilômetros de comprimento e centenas de quilômetros de largura.

Cunhas de gelo. Cunha de gelo em forma de V formada em áreas sem cobertura de neve isolante. Quando o solo fica muito frio, ele racha e cria polígonos de fissuras causadas pelo gelo. As rachaduras ficam cheias de água, que então congela, criando uma cunha de gelo que pode crescer com o tempo, expandindo a fissura.

Curva de meandro. Curva de um canal de rio.

Deriva litorânea. Transporte de sedimentos ao longo da costa por correntes litorâneas que avançam em direção à praia em um ângulo oblíquo, seguido por uma contracorrente que transporta sedimentos em ângulos retos, resultando em um movimento em zigue-zague de material ao longo da costa.

Domos. Ver *circos.*

Dorso de baleia. Os afloramentos rochosos lisos formados pelo deslizamento de uma geleira e desgastados na direção do fluxo glacial. Seu lado a montante é íngreme e liso, e a jusante sua extremidade é cônica.

Drumlins. Montes de tilito alongados na direção do movimento do gelo continental, com um fim abrupto a montante, e um fim cônico a jusante.

Efeitos compostos. Combinação de dois ou mais riscos ambientais, que se intensificam e criam um impacto maior.

Efeito Coriolis. A rotação da Terra sob seu eixo faz que um objeto ou fluido em movimento seja aparentemente defletido. A deflexão ocorre para a direita no hemisfério norte e para a esquerda no hemisfério sul, e é mais acentuada em altas latitudes.

Efeito estufa natural. Os gases de efeito estufa atmosféricos, como o dióxido de carbono e o vapor de água, absorvem 90% da radiação de ondas longas emitidas pela Terra, resultando em uma temperatura média global aproximadamente 35 °C mais quente do que seria observada sem os níveis naturais presentes de gases de efeito estufa.

El Niño Oscilação Sul. Evento que reduz a ressurgência de águas frias e profundas no Pacífico Sul-Americano resultante da diminuição da força dos ventos alísios sobre o oceano Pacífico equatorial que, por sua vez, diminui a força das correntes dirigidas para oeste. Isso proporciona um clima quente fora de época e perturbação dos sistemas de pressão e precipitação no hemisfério sul a cada 3 e 7 anos.

Empolamento de onda. À medida que as ondas se movem em direção à terra, a profundidade da água diminui e as ondas ficam mais altas.

Erráticos. Grandes blocos transportados para uma longa distância de sua fonte original pelo gelo glacial.

Escoamento superficial por excesso de infiltração. Quando a taxa de precipitação ou o fornecimento de água de irrigação à superfície do solo excede a capacidade de infiltração, o escoamento da água em excesso se dá por sobre a superfície. Também conhecido como escoamento superficial hortoniano.

Escoamento superficial por excesso de saturação. Ocorre quando todos os poros do solo estão preenchidos com água e, portanto, saturados, forçando o escoamento do excesso de água pela superfície.

Eskers. Crista longa, estreita e ondulada contendo material fino transportado por canais R no leito da geleira. Os eskers podem ter de 20 a 30 metros de altura e até 500 quilômetros de comprimento.

Especiação. Evolução de uma nova espécie, em que pequenas mudanças nas características de gerações sucessivas deram origem a uma espécie diferente de seu ancestral.

Espécie fundamental. Espécie ligada a diversos níveis da cadeia alimentar que, se perdida, pode resultar no colapso da cadeia alimentar e em grande perda de biodiversidade.

Espigões. Estruturas longas, estreitas e artificiais instaladas em praias ou canais fluviais em ângulo reto em relação à direção principal do fluxo de sedimentos, que retêm sedimentos e mantêm a praia ou margens.

Estrias. Pequenas feições erosivas, com aparência semelhante a arranhões, causadas pelo deslizamento basal de uma geleira com partículas incrustadas na base do gelo, fluindo sobre a superfície rochosa e criando sulcos.

Fator de segurança. Relação entre as forças que resistem ao movimento e as que promovem o movimento do material na encosta. Haverá movimento se o valor estiver abaixo de 1.

Fluxo de base. Volume constante de águas subterrâneas que é desaguado num rio.

Fluxo de matriz. Transferência de água através do solo entre poros menores que 0,1 milímetro de diâmetro.

Fluxo de solutos. Movimento de material dissolvido através de um sistema medido em massa (por exemplo, quilogramas).

Fluxo direto. Movimento da água através do solo e rocha.

Fluxo macroporoso. Transferência de água através de poros do solo maiores que 0,1 milímetros de diâmetro.

Formas *craig-and-tail*. Relevos formados quando uma geleira desliza sobre uma massa rochosa resistente ("rochedo"), depositando sedimentos no lado a jusante ("cauda") e criando uma feição simplificada.

Formas *stoss-and-lee*. Os afloramentos rochosos suavizados formados pelo deslizamento basal de uma geleira, desgastados na direção do fluxo dela, com um lado íngreme (por causa de arrancamento) voltado para jusante e uma extremidade cônica voltada para montante.

Fotossíntese. Processo pelo qual organismos, como plantas e algas (autótrofos), formam carboidratos e liberam oxigênio usando energia luminosa, dióxido de carbono e água.

Frente oclusa. Zona de transição formada quando uma frente fria, que é mais veloz e íngreme, ultrapassa uma frente quente mais lenta e a ascende.

Frente polar. Fronteira na qual o ar frio da célula polar e o ar tropical quente da célula de Ferrel se encontram, fazendo que o ar se eleve.

Furo de maré. Parte principal da preamar, que forma uma onda em circunstâncias específicas de uma baía estreita e de um canal fluvial, em que a onda se move rio acima em direção oposta ao fluxo normal do rio.

Geleiras rochosas. Corpo rochoso e sedimento angular, em forma de língua, que flui lentamente encosta abaixo como uma geleira.

Em geral, o gelo se acumula nos espaços entre as partículas da rocha, o que auxilia o movimento.

Gelo maciço. Faixas isoladas ou lentes de gelo com vários metros de espessura no solo.

Gelo segregado. Lente de gelo encontrada logo abaixo da camada ativa, que cresce por causa da migração da água ao redor da lente até o ponto de congelamento.

Geomorfologia. Estudo dos relevos e de suas características, para compreender sua origem, seu desenvolvimento e sua história.

Giro. Corrente oceânica ampla, circular e rotativa.

Glaciais. Longos e frios períodos dentro do Quaternário, em que geleiras e mantos de gelo se expandiram.

Gleização. Processo pelo qual um gleissolo é formado, em que compostos de ferro e manganês presentes no solo ficam sujeitos a condições de estagnação e umidade e de falta de oxigênio, de modo que os compostos são "reduzidos". O resultado é um solo cinza-azulado.

Gradiente hidráulico. Razão entre a diferença do nível da água de dois pontos e a distância horizontal percorrida; medida em metros por metro.

Herbívoros. Organismos que consomem apenas material vegetal.

Holoceno. Período que compreende os últimos 11.700 anos até os dias atuais; período interglacial (período quente) do Quaternário.

Horizontes de solo. Camadas de solo de um perfil de solo, distintas em termos de cor e textura, que são criadas pela lixiviação e deposição de materiais causadas pelo movimento vertical da água através do perfil.

Húmus. Matéria orgânica do solo muito resistente à decomposição.

Interglaciais. Fases longas e quentes do Quaternário, nas quais geleiras e mantos de gelo recuaram, limitando-se a algumas regiões.

Inversão térmica. Fenômeno em que a temperatura atmosférica aumenta com a altitude, fazendo a camada de ar mais quente substituir a camada mais fria. É o oposto da taxa de lapso.

Laterização. O clima quente e as chuvas abundantes criam condições de intemperismo rápido e lixiviação de material nos solos. São formados solos de laterita que, em geral, são de cor laranja ou vermelha, e têm pouca matéria orgânica, pois a decomposição e a lixiviação removem o material rapidamente.

Lençol freático. Limite superior da zona saturada do solo ou rocha.

Limite de placas convergentes. Onde duas placas tectônicas colidem, dando origem a fenômenos físicos, como montanhas, e riscos, como terremotos e vulcões.

Limites de placas divergentes. Onde duas placas tectônicas se separam criando uma nova crosta, dando origem a características como o assoalho oceânico, uma dorsal meso-oceânica e vales de fendas.

Lixiviação. Remoção de material dissolvido verticalmente através do perfil do solo pelo excesso de água.

Lixo orgânico. Matéria orgânica do solo constituída por restos de plantas e animais em decomposição.

Marés mortas. Quando o Sol se opõe à atração gravitacional da Lua sobre a Terra (ou seja, a Terra está posicionada entre o Sol e a Lua), a amplitude das marés é reduzida, resultando em marés altas mais baixas e marés baixas mais altas. Geralmente ocorre durante o primeiro e terceiro quartos da Lua.

Marés vivas. Maré que ocorre no período, ou próximo, da lua nova ou cheia, quando o Sol e a Lua estão alinhados, reforçando a atração gravitacional lunar e terrestre. É caracterizada por marés excepcionalmente altas ou baixas.

Mineralização. Liberação de nutrientes para as plantas durante a decomposição da matéria orgânica, que pode então ser utilizada por outros organismos.

Modificação genética. Alteração do DNA feita em laboratório, onde genes são deletados ou adicionados para modificar características de uma espécie.

Moreias. Montes lineares de depósitos glaciais transportados por uma geleira. Eles são classificados de acordo com o método de deposição.

Montes protalus. Formação linear de sedimentos grossos na base de uma encosta periglacial, criado pela quebra do material da encosta pela geada, que então desliza sobre a camada de neve e se deposita abaixo dela.

Nicho ecológico. Na ausência de concorrentes por recursos básicos, um organismo pode ocupar as condições ideais, às quais ele está adaptado, na comunidade ecológica.

Níveis tróficos. Agrupamentos de organismos dentro de uma cadeia alimentar (ver *cadeia alimentar*). Os produtores primários (plantas fotossintetizantes que formam matéria orgânica a partir da energia solar, dióxido de carbono e água) estão no nível trópico mais baixo e servem de alimento para seres vivos no segundo nível trófico, e assim por diante.

Ondas de Rossby. Grandes ondulações que ocorrem na atmosfera superior, circunavegam o globo e perturbam o cinturão de ventos predominantes do oeste associados à célula de Ferrel, causando um movimento ondulado. Eles contêm correntes de jato.

Peds. Ligações naturais de partículas de solo.

Pegada de carbono. A quantidade de carbono que um indivíduo ou organização utiliza durante um determinado período de tempo. Muitas vezes é expresso em termos da quantidade equivalente de dióxido de carbono.

Pegada ecológica. Estimativa da quantidade de recursos ecológicos utilizados por um indivíduo, empresa ou nação.

Periglacial. Uma região sujeita a temperaturas frias com congelamentos e descongelamentos repetidos, ocorrendo frequentemente em zonas próximas a mantos de gelo ou geleiras.

Pingo. Monte de terra coberto de gelo que pode atingir 60 metros de altura e 500 metros de comprimento, encontrado apenas em áreas periglaciais. São causados pelo abaulamento do solo congelado sob um antigo corpo d'água.

Placas tectônicas. Teoria elaborada para explicar os movimentos em grande escala da crosta terrestre (litosfera), que é dividida em várias "placas" (oceânicas ou continentais) movidas por convecção no manto líquido sobre o qual flutuam. O movimento das placas é responsável pela formação de montanhas, vales e terremotos.

Plataformas costeiras. Plataforma plana ou suavemente inclinada, cortada por ondas, encontrada na base de um penhasco rochoso quebrado.

Ponto de condensação. Temperatura na qual uma parcela de ar resfriada está saturada com vapor d'água, fazendo o vapor se condensar para forma líquida.

Ponto de fusão por pressão. O ponto de derretimento de sólidos não é constante, mas varia de acordo com a pressão. O ponto de derretimento do gelo diminui com o aumento da pressão, o que significa que sob as massas de gelo mais espessas é provável que haja água.

Precipitação. Condensação do vapor de água formando gotículas de água na atmosfera, que são depositadas na superfície terrestre na forma líquida (por exemplo, chuva) ou sólida (na forma de neve ou granizo).

Pressão parcial. Pressão de um único gás dentro de uma mistura de gases.

Princípio da precaução. Abordagem de tomada de decisão que defende que a falta de evidências científicas sobre ameaças futuras de danos graves não deve ser desculpa para evitar ações de prevenção de danos. Ações devem ser tomadas o mais cedo possível.

Quaternário. Período que iniciou há 2,4 milhões de anos e se estende até os dias atuais. É caracterizado pela expansão e contração de mantos de gelo em ciclos previsíveis.

Quimiossíntese. Uso de energia proveniente da oxidação de produtos químicos para transformar água e carbono em carboidratos. O processo utiliza nutrientes químicos para produzir energia para obter hidratos de carbono, em vez da energia solar, como é utilizada na fotossíntese.

Radiação infravermelha. Energia liberada por todas as matérias sólidas, líquidas e gasosas na forma de calor.

Rastejo de gelo. Movimento descendente da camada ativa. O solo se expande perpendicularmente à superfície inclinada quando congela e assenta verticalmente ao descongelar, causando um movimento geral descendente.

Refração. Processo causado pela redução na velocidade quando uma onda entra em águas rasas, resultando na mudança de direção da frente da onda e na "curvatura" ao atingir a costa.

Regelo. Quando o gelo encontra um obstáculo, como uma rocha, a pressão aumenta no lado montante da rocha, reduzindo o ponto de fusão sob pressão e derretendo o gelo no lado a montante da rocha, que então flui ao redor do obstáculo e congela novamente no lado a jusante, por causa do ponto de fusão sob pressão ser mais alto. Isso permite que o gelo flua ao redor dos obstáculos.

Regolito. Camada de solo que recobre o leito rochoso e contém material intemperizado não consolidado, que fornece matéria-prima para o desenvolvimento do solo.

Regime fluvial. Variabilidade do fluxo do rio ao longo do tempo, normalmente analisada por um ano.

Ressaca marítima. Elevação do nível do mar que ocorre durante tempestades em que o vento joga a água contra a costa. As ondas da ressaca são resultado de quando os níveis do mar estão muito mais elevados do que pode ser contabilizado apenas pela maré; podem levar a inundações costeiras.

Rocha *moutonée*. Versões menores de formas *stoss-and-lee*.

Rochas revolvidas. Rochas encontradas em encostas periglaciais que se movem lentamente encosta abaixo, empurrando o solo e abrindo uma calha atrás delas, o que cria uma protuberância de sedimentos na frente do bloco. O movimento ocorre por causa da diferença nas condições térmicas sob o bloco em comparação com o seu entorno.

Salinidade. Concentração de sal dissolvido na água.

Salinização. Acúmulo de sais solúveis no solo, impactando prejudicialmente na sua fertilidade. O processo de salinização envolve alto teor de sais de sódio, magnésio e cálcio, por exemplo.

Saltação. Método de transporte de sedimentos pelo qual as partículas são rebatidos ao longo da superfície de um leito.

Serviços ecossistêmicos. Serviços prestados pelos ecossistemas que sustentam, de alguma forma, a vida humana, tais como água potável, alimentos e fibras, mitigação das alterações climáticas e bem-estar espiritual. A avaliação desses serviços ajuda a chamar a atenção do público para as questões ambientais que prejudicam o bom desempenho desses serviços.

Sesquióxidos. Óxidos que contêm três átomos de oxigênio e dois átomos (radicais) de uma substância diferente.

Solifluxão. O movimento lento do material do solo encosta abaixo, onde uma camada saturada e descongelada se move através de uma camada de gelo permanente sob a ação da gravidade.

Sublimação. Processo pelo qual um sólido se transforma diretamente em gás.

Sucessão. Mudanças na estrutura e composição de uma comunidade ecológica ao longo do tempo.

Tarn. Pequeno lago que ocupa a bacia de um circo onde antes havia um glaciar.

Taxa de infiltração. Quantidade de água que penetra em determinada área do perfil do solo durante certo tempo.

Taxa de lapso. Taxa na qual a temperatura do ar diminui com o aumento de altitude.

Taxa de lapso adiabático saturado. Ver *taxa de lapso adiabático seco* para explicação de "adiabático". A taxa de lapso adiabático saturado é aplicada a parcelas de ar que atingiram o ponto de condensação, condensando o vapor d'água dentro dessa porção. A liberação de calor e aquecimento da parcela de ar demonstra que a taxa de lapso adiabático saturado é menor que a taxa de lapso adiabático seco, mas seu valor varia com a temperatura e o teor de umidade do ar.

Taxa de lapso adiabático seco. Como o ar é um mau condutor de calor, o resfriamento ou aquecimento de uma parcela de ar é considerado adiabático (autocontido), pois há pouca troca de energia entre essa porção de ar e a atmosfera circundante. A taxa de lapso adiabática seca é de 9,8 °C por quilômetro, e se aplica apenas a parcelas de ar que não atingiram o ponto de condensação, quando a taxa de lapso adiabática saturada é aplicada.

Taxa de lapso ambiental. Taxa padrão de mudança de temperatura de acordo com a altitude. A temperatura do ar cai aproximadamente 6,4 °C por quilômetro, mas esse número pode variar.

Tensão de corte. Tensão que atua sobre uma partícula na mesma direção da superfície sobre a qual ela está apoiada. Nos rios, a tensão de corte é a velocidade da água corrente. Quando uma partícula de sedimento pode ser levantada do leito do rio, a velocidade crítica do fluxo (tensão crítica de corte) é atingida.

Termocarste. Conjunto de lagos e depressões de degelo espaçados irregularmente por causa do derretimento de gelo segregado.

Tipos funcionais de plantas. Forma de classificar espécies de plantas com base em suas características e associação com variáveis ambientais específicas. Os tipos funcionais de plantas são usados por modelos ambientais para prever como certos grupos de espécies podem responder às mudanças climáticas.

Tragédia dos comuns. Teoria que explica como os recursos comunitários podem ser degradados por causa da natureza egoísta dos indivíduos que usam mais do que a sua parte justa. É usado como analogia para o uso insustentável de recursos ecológicos finitos.

Transpiração. Evaporação da água pelos poros das folhas das plantas e que é liberada na atmosfera.

Transporte eólico. Movimento de uma substância pelo vento.

Troposfera. Camada inferior da atmosfera que se estende entre 6 e 15 quilômetros de altitude acima da superfície da Terra.

Tsunami. Onda marítima intensa desencadeada por um terremoto, deslizamento de terra ou impacto de meteoro no oceano, e pode tornar-se muito grande se atinge águas pouco profundas, devastando zonas costeiras.

Vales suspensos. Vale lateral a um vale glacial principal que termina em uma elevação mais alta que o fundo do vale principal, que sofreu erosão glacial.

Ventos alísios. Ventos fortes que fluem de leste a oeste em direção ao equador, entre 30° norte e 30° sul. Eles são desviados para oeste pelo efeito Coriolis.

Vento föhn. Vento quente e seco que sopra a sotavento de uma montanha, tornando a área significativamente mais seca. A seca ocorre porque a água retida por uma massa de ar é liberada à medida que sobe, esfria e condensa sobre as montanhas, formando precipitação.

Yardangs. Colinas aplainadas e corroídas pela erosão causada pela poeira transportada pelo vento.

Zona crítica. Parte da Terra que abrange desde as copas das árvores até o nível mais baixo das águas subterrâneas – uma zona onde a rocha encontra a vida e onde a rocha, o solo, a água, o ar e os organismos vivos interagem.

Zona de ablação. Parte da geleira onde anualmente há perda líquida de massa.

Zona de arrebentação. Área onde a profundidade do mar se torna muito rasa para as ondas, fazendo que elas quebrem.

Zona de convergência intertropical. Região para onde convergem os ventos alísios dos hemisférios norte e sul. As condições são favoráveis para ar quente e úmido ascendente, resultando em nebulosidade e chuvas fortes.

Zona de subducção. A subducção pode ocorrer quando duas placas oceânicas são pressionadas uma contra a outra e uma desliza abaixo da outra, ou quando uma placa oceânica é pressionada sob a placa continental mais densa. O material da placa é então derretido pelo manto abaixo da crosta terrestre.

ÍNDICE REMISSIVO

F

G

N

O

P

Q

R

S

SOBRE O LIVRO

Formato: 14 x 21 cm
Mancha: 23,7 x 42,5 paicas
Tipologia: Horley Old Style 10,5/14
Papel: Off-set 75 g/m² (miolo)
Cartão Triplex 250 g/m² (capa)
1ª edição Editora Unesp: 2024

EQUIPE DE REALIZAÇÃO

Edição de texto
Maísa Kawata (Copidesque)
Jennifer Rangel de França (Revisão)

Capa
Negrito Editorial

Editoração eletrônica
Eduardo Seiji Seki

Assistente de produção
Erick Abreu

Assistência editorial
Alberto Bononi
Gabriel Joppert

Rua Xavier Curado, 388 • Ipiranga - SP • 04210 100
Tel.: (11) 2063 7000 • Fax: (11) 2061 8709
rettec@rettec.com.br • www.rettec.com.br